W0320612

Roland Berger Strategy Consultants – Academic Network

Herausgeberrat

Prof. Dr. Thomas Bieger, Universität St. Gallen
Prof. Dr. Rolf Caspers, European Business School, Oestrich-Winkel
Prof. Dr. Guido Eilenberger, Universität Rostock
Prof. Dr. Dr. Werner Gocht, RWTH Aachen
Prof. Dr. Karl-Werner Hansmann, Universität Hamburg
Prof. Dr. Alfred Kötzle, Europa Universität Viadrina, Frankfurt/Oder
Prof. Dr. Kurt Reding, Universität Gesamthochschule Kassel
Prof. Dr. Dr. Karl-Ulrich Rudolph, Universität Witten-Herdecke
Prof. Dr. Johannes Rüegg-Stürm, Universität St. Gallen
Prof. Dr. Leo Schuster, Katholische Universität Eichstätt
Prof. Dr. Klaus Spremann, Universität St. Gallen
Prof. Dr. Dodo zu Knyphausen-Aufseß,
Otto-Friedrich-Universität Bamberg

Dr. Burkhard Schwenker, Roland Berger Strategy Consultants

Weitere Publikationen des Academic Network

T. Bieger · N. Bickhoff · R. Caspers
D. zu Knyphausen-Aufseß · K. Reding (Hrsg.)
Zukünftige Geschäftsmodelle
XII, 279 Seiten. 2002. ISBN 3-540-42744-9

N. Bickhoff · C. Böhmer · G. Eilenberger
K.-W. Hansmann · M. Niggemann · C. Ringle
K. Spremann · G. Tjaden
Mit Virtuellen Unternehmen zum Erfolg
VI, 125 Seiten. 2003. ISBN 3-540-44246-4

G. Corbae · J. B. Jensen · D. Schneider
Marketing 2.0
VI, 151 pages. 2003. ISBN 3-540-00285-5

R. Caspers · N. Bickhoff · T. Bieger (Hrsg.)
Interorganisatorische Wissensnetzwerke
XI, 353 Seiten. 2004. ISBN 3-540-20182-3

L. Schuster · A.W. Widmer (Hrsg.)
Wege aus der Banken- und Börsenkrise
X, 527 Seiten. 2004. ISBN 3-540-21106-3

N. Bickhoff · M. Blatz · G. Eilenberger
S. Haghani · K.-J. Kraus (Hrsg.)
Die Unternehmenskrise als Chance
X, 440 Seiten. 2004. ISBN 3-540-21433-X

K. Spremann (Hrsg.)
Versicherungen im Umbruch
IX, 543 Seiten. 2005. ISBN 3-540-22063-1

Burkhard Schwenker
Stefan Bötzel

Auf Wachstumskurs

Erfolg durch Expansion und Effizienzsteigerung

Mit 37 Abbildungen

Springer

Roland Berger
Strategy Consultants

Dr. Burkhard Schwenker
CEO
Roland Berger Strategy Consultants
Stadthausbrücke 7
20355 Hamburg
E-mail: burkhard_schwenker@de.rolandberger.com

Dr. Stefan Bötzel
Partner
Roland Berger Strategy Consultants
Stadthausbrücke 7
20355 Hamburg
E-mail: stefan_boetzel@de.rolandberger.com

Bibliografische Information Der Deutschen Bibliothek
Die Deutsche Bibliothek verzeichnet diese Publikation in der Deutschen Nationalbibliografie; detaillierte bibliografische Daten sind im Internet über *http://dnb.ddb.de* abrufbar.

ISBN-10 3-540-26755-7 Springer Berlin Heidelberg New York
ISBN-13 978-3-540-26755-3 Springer Berlin Heidelberg New York

Dieses Werk ist urheberrechtlich geschützt. Die dadurch begründeten Rechte, insbesondere die der Übersetzung, des Nachdrucks, des Vortrags, der Entnahme von Abbildungen und Tabellen, der Funksendung, der Mikroverfilmung oder der Vervielfältigung auf anderen Wegen und der Speicherung in Datenverarbeitungsanlagen, bleiben, auch bei nur auszugsweiser Verwertung, vorbehalten. Eine Vervielfältigung dieses Werkes oder von Teilen dieses Werkes ist auch im Einzelfall nur in den Grenzen der gesetzlichen Bestimmungen des Urheberrechtsgesetzes der Bundesrepublik Deutschland vom 9. September 1965 in der jeweils geltenden Fassung zulässig. Sie ist grundsätzlich vergütungspflichtig. Zuwiderhandlungen unterliegen den Strafbestimmungen des Urheberrechtsgesetzes.

Springer ist ein Unternehmen von Springer Science+Business Media
springer.de

© Springer-Verlag Berlin Heidelberg 2006
Printed in Germany

Die Wiedergabe von Gebrauchsnamen, Handelsnamen, Warenbezeichnungen usw. in diesem Werk berechtigt auch ohne besondere Kennzeichnung nicht zu der Annahme, dass solche Namen im Sinne der Warenzeichen- und Markenschutz-Gesetzgebung als frei zu betrachten wären und daher von jedermann benutzt werden dürften.

Einbandgestaltung: Erich Kirchner
Herstellung: Helmut Petri
Druck: Strauss Offsetdruck

SPIN 11509219 Gedruckt auf säurefreiem Papier – 42/3153 – 5 4 3 2 1 0

INHALTSVERZEICHNIS

Einführung

Alle Aktivitäten eines Managements können nur ein Ziel kennen: das Wachstum des Unternehmens. Es ist der valide Beweis für die Leistungsstärke eines Unternehmens, und spätestens seit dem Platzen der „E-Economy"-Blase muss dieses Wachstum auch wieder das Qualitätskriterium der Profitabilität erfüllen. Doch obwohl die Bedeutung profitablen Unternehmenswachstums außer Frage steht, ist längst nicht so klar, *wie* Unternehmen auf den Wachstumspfad gelangen und ihn dauerhaft beschreiten können. Wenn Unternehmen trotz großer Anstrengungen, im Wettbewerb zu bestehen, kein profitables Wachstum realisieren, beruht Wachstum dann letztlich nicht auf zufälligen Umständen, die sich dem Einfluss der Unternehmen weitestgehend entziehen?

Nein, sagen empirische Analysen: Es gibt Unternehmen, die das Wachstumsziel systematisch verfolgen und beständig hohe Wachstumsraten erreichen. Die Verantwortlichen solcher Firmen sind augenscheinlich in der Lage, ihre Organisation so zu strukturieren und ihre Prozesse so zu konfigurieren, dass sie die auf den Märkten existierende Nachfrage in Wachstum des eigenen Unternehmens verwandeln. Management ist für sie kein Prozess, der auf Fortune beruht, sondern eine zielgerichtete Aktivität, die Chancen analysiert und strategisch angeht.

Was machen diese Firmen anders? Wie kommen sie zu ihrem Wachstum? – Diese Fragen waren der Ausgangspunkt, mehrere interne Projekte zum Wachstumsphänomen anzustoßen. Seither haben zahlreiche Mitarbeiterinnen und Mitarbeiter unseres Hauses – Partner, die Mitglieder unseres Elitekreises „Challenge Club", Berater und Statistiker und unsere Trendforschungseinheit Business Intelligence – Märkte und Unternehmen analysiert, eine umfassende quantitative Untersuchung der 1.700 größten Unternehmen der Welt durchgeführt, Erfahrungen aus Beratungsprojekten ausgewertet und in Interviews mit Klienten die Manager von Unternehmen befragt, wie sie ans Wachstum herangehen. Die Ergebnisse sind dokumentiert in fünf Broschüren, rund 60 Artikeln in der Tages- und Wirtschaftspresse sowie zahlreichen Unterlagen, die wir exklusiv für ausgewählte Klienten erstellt haben. In rund 40 Veranstaltungen in ganz Europa haben wir sie zudem mit Praktikern und Wissenschaftlern diskutiert. Mit diesem Buch wollen wir unsere Ergebnisse nochmals zusammenfassen und im Licht aktueller Erkenntnisse weiterentwickeln.

Wir beschränken uns dabei bewusst auf einen ausgewählten Themenkreis. Nach unserer Überzeugung beruht Wachstumserfolg primär darauf, dass einige grundlegende Faktoren als „Essentials" erkannt werden. Wir fassen sie an dieser Stelle in sieben Thesen zusammen:

1. Die traditionelle V-Kurve gilt nicht mehr

Die alte Schule lehrte: Wachstum ist zyklisch. Der Managementfokus wechselte zwischen offensiven Wachstumsperioden und Kontraktionsphasen, in denen durch Restrukturierung, Sparen oder Wissensaufbau die Grundlagen für weiteres, anschließendes Wachstum gelegt wurden. Als typischer Verlauf der Umsatz- und Gewinnentwicklung eines Unternehmens galt die V-Kurve – erst gesundschrumpfen, dann wachsen. Noch bis in die unmittelbare Gegenwart hinein wirkt dieses Paradigma nach: In der Wirtschaftspresse sprechen Manager davon, wie ihre Unternehmen den Gürtel enger geschnallt haben, um so die Zeit einer schwachen Konjunktur zu überstehen. Die implizite Logik heißt: In der kommenden Phase des Booms weiten wir den Hosenbund wieder.

Aus unserer Beratungsarbeit wissen wir: Dieses Modell ist nicht zukunftsfähig. Erfolgreiche Unternehmen verbinden Wachstum gleichzeitig mit operativer *excellence* und können so auch in „guten", wachstumsstarken Zeiten gezielt ihre Produktivität erhöhen. Verschnaufpausen, um die Kräfte und die Truppen zu sammeln, sind Unternehmen in einer global gewordenen Hochgeschwindigkeitsökonomie nicht mehr vergönnt. Sie stehen permanent vor der Herausforderung, ihre Prozesse und Strukturen „schlank" und effizient zu gestalten, denn nur die Agilen können die Chancen nutzen, die dynamische Märkte offerieren. Die Schwerfälligen können nicht Schritt halten und haben das Nachsehen. *Shrink to become fit* – aus dieser Formel erwächst natürlich eine gewaltige Motivationsaufgabe nach innen: Die Teams müssen, während sie wachstumsfokussierte Aktivitäten betreiben, schrumpfen; umgekehrt müssen sie Reduktionspotenziale ausschöpfen und gleichzeitig nach Expansionsmöglichkeiten Ausschau halten.

Wachstumsprogramme müssen durch Restrukturierungen fundiert sein, weil sie auch entgegen dem Markttrend angestoßen werden müssen. Wer immer nach der Konjunktur schielt und auf Wachstumssignale von ihr wartet, lässt wichtige Zeit ungenutzt verstreichen. Erfolgreich wachsen werden diejenigen, die auch in einer Schwächeperiode nicht vom Gaspedal gehen.

2. Wachstum ergibt sich aus der Kombination von Fähigkeiten und Bereitschaft

Wachstum benötigt stets zwei Voraussetzungen: Wachstumsfähigkeit und Wachstumsbereitschaft. Beides muss voll erfüllt sein – ein Defizit an Wachstumsfähigkeit kann nicht durch ein Mehr an Wachstumsbereitschaft ausgeglichen werden – und umgekehrt.

Wachstumsfähigkeit beinhaltet alle organisatorischen, strategischen und strukturellen Aspekte: das heißt also beispielsweise die richtige strategische Ausrichtung, der passende rechtliche Rahmen, ausreichende Liquidität, ein marktgerechtes Angebotsportfolio oder die notwendige Innovationsfähigkeit. Ein besonders wichtiger Aspekt der Wachstumsfähigkeit ist die Zusammenstellung der richtigen Wertschöpfungsstrukturen und -kapazitäten, also die Frage der Organisation des Unternehmens. Wir werden später sehen, dass die dezentrale Organisation die Wachstumsfähigkeit eines Unternehmens entscheidend stärkt. Doch nicht nur das: Dezentralität hat auch einen positiven Einfluss auf die Wachstumsbereitschaft eines Unternehmens.

Im Gegensatz zur Wachstumsfähigkeit zielt die Wachstumsbereitschaft auf Themen ab, die im Allgemeinen eher als „weich" klassifiziert werden, ohne die aber keine Organisation erfolgreich sein kann. Wachstumsbereitschaft ist die Einstellung zum Wachstum, und das bedeutet natürlich, dass mit der Wachstumsbereitschaft eines Unternehmens die innere Haltung seiner Mitarbeiter, und ganz besonders seiner Führungskräfte, gemeint ist. Dazu gehört ihr Wille zur Gestaltung der Zukunft, der Glaube an sich selbst und Optimismus. Und ebenso natürlich auch die Bereitschaft, Risiken einzugehen, Neues entdecken zu wollen und sich für Wachstum einzusetzen. In sehr viel stärkerem Maße als früher angenommen spielt das persönliche Auftreten des Spitzenpersonals eine zentrale Rolle: Authentizität, Verantwortungsbereitschaft, Disziplin, Mut und persönliche Integrität erzeugen jene Vorbildfunktion, die heute aktiv eingefordert wird. Nur sie vermag zu integrieren und den Willen zur Leistung und somit auch zum Wachstum zu fördern.

Die Trennung in Wachstumsfähigkeit und Wachstumsbereitschaft erlaubt sowohl eine saubere „Diagnose" der Unternehmenssituation als auch eine zielgerichtete „Therapie", die Unternehmen auf den Wachstumspfad führt. Denn zahlreichen deutschen Unternehmen mangelt es nicht an der Fähigkeit zum Wachstum, wohl aber an der Bereitschaft. Sie haben ihre strukturellen Hausaufgaben gemacht und müssen nun ihr „mindset" auf Optimismus und Wachstum umschalten.

3. Der Wachstumsalgorithmus: Wachstum treibt sich selbst an

Die Abkehr von der V-Kurve und der Übergang zur Parallelstrategie ist nicht zuletzt deshalb eine wichtige Voraussetzung für Wachstum, weil auf diese Art und Weise der Wachstumskreislauf in Gang gesetzt werden kann. Eine exzellente operative Performance bildet die Basis für höhere „freie" Cashflows, die zur Wachstumsfinanzierung genutzt werden können. Die daraus entstehenden Skalen- und Größenvorteile erzeugen in der Konsequenz weitere Cashflows, die wiederum in die Erhöhung der operativen Performance bzw. in weiteres Wachstum investiert werden können.

Die Zusammenhänge sind konzeptionell also ganz klar und einfach. Die große Herausforderung liegt aber in der praktischen Umsetzung. In unserer global angelegten empirischen Studie können wir zeigen, dass nur etwa ein Viertel der Unternehmen es beherrscht, Effizienzsteigerung und Wachstum perfekt zu verbinden: Sie wachsen überdurchschnittlich stark und steigern ihren Gewinn stärker als ihren Umsatz.

Drei Viertel der Unternehmen haben es dagegen nicht geschafft, den Wachstumskreislauf anzustoßen und dauerhaft in Gang zu halten. Sie sind davon bedroht, Marktanteile zu verlieren, wenn ihr Wachstum nicht mit dem des Marktes mithalten kann, und ihre Margen geraten unter Druck, wenn sie ihre Effizienz nicht mindestens so steigern wie ihre Konkurrenten. Insgesamt büßen sie an Wettbewerbsfähigkeit ein und drohen im Extremfall sogar vom Markt zu verschwinden, wenn sie nicht Wachstum und Effizienzsteigerung miteinander verbinden.

Zum Wachstumskreislauf gibt es also keine Alternative. Nur die Unternehmen, denen es gelingt, den Doppelkurs aus Wachstum und Effizienzsteigerung zu verfolgen und den Wachstumskreislauf in Gang zu setzen, werden dadurch belohnt, dass der Wachstumskreislauf selbstverstärkend wirkt.

4. Flexibilität ist die Basis von Wachstum

Die Rahmenbedingungen, innerhalb derer Unternehmen agieren, haben im Vergleich zu früher enorm an Dynamik gewonnen, die Geschwindigkeit, mit der sich Veränderungen vollziehen, hat deutlich zugenommen. An den äußeren Verhältnissen können Unternehmen nichts ändern, sie müssen mit ihnen (über-) leben. Dies ist aber nur möglich, wenn sie in der Lage sind, sich schnell und flexibel auf die Veränderungen ihres Umfelds einzustellen. Hierbei geht es um strategische Anpassungsfähigkeit, d.h. wichtige und langfristige Trends zu erkennen und zu reagieren, ehe sie die Ertragskraft des Kerngeschäfts bedrohen.

Vielen Unternehmen fällt es immer noch schwer, sich damit abzufinden, dass die Erfolgsrezepte der Vergangenheit und Gegenwart nicht automatisch als Garantieschein für eine glänzende Wettbewerbsposition in der Zukunft taugen. Hinzu kommt, dass viele Manager derart stark vom operativen Geschäft absorbiert werden, dass wenig Energie für langfristige strategische Überlegungen bleibt. Erfolgreiche Strategien erreichen heute schneller als früher ihr Verfallsdatum. Früher wurde eine Unternehmensstrategie auf zehn Jahre angelegt, heute vielleicht noch auf drei bis fünf Jahre. Diesen beschleunigten Alterungsprozess kann man mit Gary Hamel auf vier Gründe zurückführen:

- Imitation: Strategien werden vom Wettbewerb schnell kopiert und verlieren ihre mit der Alleinstellung verbundene überdurchschnittliche Ertragskraft.

- Verdrängung: Das Bessere ist der Feind des Guten. Gute Strategien laufen stets Gefahr, von besseren Strategien verdrängt zu werden. Und das Innovationstempo – das heißt auch der Bedrohungsgrad für bisherige Erfolgsstrategien – hat sich in den letzten Jahren beträchtlich gesteigert.
- Erschöpfung: Strategien verlieren schneller als früher an Bedeutung, zum Beispiel durch Sättigung der Märkte oder weil die Kundenerwartungen flexibler sind als früher.
- Bedrängnis: Vorsprünge können aufgezehrt werden, weil die Kunden die Strategie unter Druck setzen, etwa auf Grund der gestiegenen Transparenz oder der grenzüberschreitenden Einkaufsmöglichkeiten.

Die erste Konsequenz aus dieser verkürzten Haltbarkeit von Strategien für Topmanager heißt Wachsamkeit: Aufmerksames Beobachten von Marktentwicklungen ist das beste Frühwarnsystem. Aber die daraus gewonnenen Erkenntnisse nützen nichts, wenn Führungskräfte die Notwendigkeit eines strategischen Kurswechsels nicht akzeptieren wollen. Gerade auf dem Zenit des Erfolgs ist es für die meisten Unternehmen schwierig, ihre bisherige Strategien und Geschäftsmodelle in Frage zu stellen. Leider, denn der beste Zeitpunkt für grundsätzliche Überlegungen und eventuell daraus resultierende neue Weichenstellungen liegt in der Wachstumsphase des Unternehmens. Gerät ein Unternehmen dagegen wegen sinkender Erträge zunehmend unter Kostendruck, bleibt für strategische Überlegungen kein Spielraum mehr. Häufig geht es dann nur noch ums Überleben.

Das Gebot der Anpassungsfähigkeit gilt jedoch nicht nur für die Strategie eines Unternehmens, sondern auch für die Organisationsstruktur. Sie muss so gestaltet sein, dass sie eine schnelle und flexible Reaktion auf die sich wandelnden Anforderungen der Märkte ermöglicht. Eine starre Organisationsstruktur kann dies nicht leisten. Ein Unternehmen tut deshalb gut daran, auch seine Strukturen permanent einer kritischen Prüfung zu unterziehen, ob sie im Hinblick auf das Marktumfeld und die Strategie noch optimale Bedingungen bieten. Eine dezentrale Organisation ist nach unserer Auffassung am besten geeignet, die notwendige strukturelle Flexibilität zu gewährleisten. Hinzuzufügen ist noch, dass die erhöhte strategische und organisatorische Anpassungsfähigkeit von Unternehmen auch von den Mitarbeitern eine besonders hohe Qualifikation und Motivation verlangt. Darin liegt eine weitere Herausforderung für das Management, auf die wir im Kapitel Vertrauensorganisation ausführlich eingehen.

5. Auf Vertrauen gegründete dezentrale Unternehmen sind Wachstumssieger

Die optimale Ausrichtung von Fähigkeit und Bereitschaft zum Wachstum erreicht die Vertrauensorganisation. In ihr dient Vertrauen als Koordinierungsinstrument für die verschiedenen Aktionsmuster und Prozesse innerhalb eines Unternehmens. Die Motivation als Basis der Bereitschaft nimmt zu, weil die Mitarbeiter sich nicht mehr in hierarchisch begründeten Relationen mit mehr oder minder direkter und engmaschiger Kontrolle erleben, sondern einen Vertrauensvorschuss hinsichtlich ihrer Fähigkeiten und ihres Leistungswillens erhalten. Die wachstumsrelevanten Fähigkeiten eines Unternehmens verbessern sich, weil Strukturen flexibler werden. Da eine Vertrauensorganisation nur dann „funktionieren" kann, wenn sie von einer offenen, diskursiven Kultur begleitet wird, verbessert sie alle Aspekte innerhalb des Wertschöpfungsprozesses, die kulturell determiniert sind – beispielsweise die Innovationsfähigkeit und die Kundenorientierung.

Vertrauensorganisationen basieren auf vier Kennzeichen: Sie legen großen Wert auf eine hohe Qualität der Führung; sie sind dezentral aufgestellt, verankern ihre Fähigkeiten also marktnah und in überschaubaren Einheiten; sie erzeugen einen kulturellen und organisatorischen Rahmen, damit Innovationen optimal gedeihen können; und sie sind transparent, was sich insbesondere darauf bezieht, dass die Kommunikation offen geführt wird und die Corporate Governance des Unternehmens Rahmenbedingungen gewährleistet, die zur Erreichung des Vertrauensziels beitragen und seine Realisierung fortwährend überprüften.

Wir haben bis hierher über die internen Effekte einer Vertrauensorganisation gesprochen. Sie wirkt aber auch extern: Sie eröffnet jedem Stakeholder – Geschäftspartner, Investoren, Kunden, die lokale und globale Öffentlichkeit – die Möglichkeit zu prüfen, inwieweit seine spezifischen Erwartungen an die für ihn relevanten Leistungen des Unternehmens erfüllt werden. Da Vertrauensorganisationen kommunikationsstark und offen sind, können Geldgeber Transparenz bei den Angaben zur Geschäftsentwicklung erwarten, können sich Verbraucherverbände oder Umweltschützer über Produktionsbedingungen erkundigen oder Kunden erfahren, wie es um die Produktqualität bestellt ist. Auch diese Dimension, der Blick des Marktes auf das Unternehmen, ist wachstumsrelevant.

6. Diseconomies of Scale können überwunden werden

Wachstum bringt eine Belohnung in Form von Größen- und Verbundvorteilen (Economies of Scale and Scope) mit sich, die für weitere Wachstumsprozesse genutzt werden kann. Polemisch gesagt, ist diese Ernte aber relativ einfach einzufahren. Viel mehr Aufmerksamkeit müssen Manager dem Phänomen widmen, dass Wachstumsprozesse auch Diseconomies begründen können: Nachteile, die dazu führen, dass es die gewünschten Prämien nicht gibt. Dazu zählen beispielsweise überproportional ansteigende Transaktionskosten, speziell dann, wenn es das Wachstum erforderlich macht, zahlreiche interne und externe Einheiten zu orchestrieren; dazu gehören die zeit- und kostenaufwendigen Prozesse, um aufeinander prallende Unternehmenskulturen im Rahmen einer Post-Merger-Integration anzunähern; oder es treten komplexitätsbedingt höhere Administrationskosten auf.

Die Konsequenz aus der Analyse von Diseconomies heißt für uns, ihnen schon bei der Planung von Wachstumsprozessen das gebührende Maß an Aufmerksamkeit zuzuwenden: Sind die quantifizierten Synergien nach einem Merger nicht nur mikroökonomisch zu erreichen, sondern lassen die zu verschmelzenden Unternehmenskulturen das auch zu? Wie müssen Entscheidungsprozesse gestaltet sein, dass sie nach Wachstumsphasen noch effizient ablaufen? Oder: Ist die technologische Infrastruktur modular ausgelegt, sodass keine sprungfixen Investitionen notwendig werden, ehe man wachsen kann?

7. Wachstum beginnt mit Ambitionen

Die Analyse globaler Wachstumschampions zeigt: Mit Vorsicht ist keiner groß geworden. Die Ziele der überdurchschnittlich wachsenden Unternehmen sind durchgängig ambitioniert. Hoch, wenngleich nicht unrealistisch gesteckte Wachstums- oder Entwicklungsziele sind Ansporn des Wachstums. Entscheidend für die Akzeptanz und für die Wirksamkeit scheint dabei zu sein, dass starke Ziele und moderate Sanktionsmechanismen einander ergänzen.

Im Jahr 2004 haben wir deutsche und österreichische Vorstände zum Thema Wachstum befragt. Das Ergebnis, das wir unter dem Titel „Zum Wachstum führen“ veröffentlicht haben, ergab, dass überdurchschnittlich wachsende Unternehmen mit Fehlschlägen anders umgehen. Überraschenderweise ist starkes Wachstum dann eine Folge ambitionierter Ziele, wenn deren Nichterreichen weniger hart sanktioniert wird als in anderen Unternehmen üblich. Der Rückschluss ist erlaubt: Zurückhaltung bei den Sanktionen weicht nicht den Ehrgeiz auf, sondern hält den Druck aufrecht, der durch hohe Vorgaben aufgebaut werden soll.

Unsere sieben thesenartig formulierten Basiseinsichten bilden den Hintergrund für die folgende Darlegung einzelner wachstumswirksamer Strategien und Handlungsmuster. Wir stellen dabei im ersten Teil das Grundkonzept unseres Wachstumsmodells vor, ehe wir im zweiten Teil detaillierter dezentrale Strukturen und die vertrauensbasierte Organisation betrachten. Der dritte Teil analysiert einzelne Bedingungen einer wachstumsfähigen und -bereiten Organisation. Zum Abschluss behandeln wir die volkswirtschaftlich relevanten Aspekte des Wachstums von Unternehmen.

In unserem Buch konzentrieren wir uns auf die konzeptionelle Darlegung grundsätzlicher Zusammenhänge. Wir zeigen auf, welche Logik hinter Wachstumsansätzen steht, und geben konkrete Handlungsempfehlungen zur Umsetzung einer dauerhaft erfolgreichen Wachstumsstrategie. Empirisch belegen wir unsere Aussagen durch die Heranziehung breit angelegter Untersuchungen. Auf Fallstudien verzichten wir dagegen ganz bewusst. Die übliche Managementliteratur bietet hier genügend Material, und Fallstudien sind zwar illustrativ, aber doch häufig zu beliebig – ketzerisch gesprochen: Es gibt nur sehr wenig, was sich nicht mit einer Fallstudie belegen lässt.

Die auf den Märkten liegenden Wachstumspotenziale sind nicht im Besitz einzelner Unternehmen. Jedes Management kann an ihnen partizipieren – wenn es mit Biss und Überzeugung in das eigene Handeln an die Sache herangeht. Eine ungünstige Großwetterlage als Grund für das eigene schlechte Abschneiden vorzuschieben, ist zu einfach. Entscheidend ist es, Chancen zu nutzen, strategisch wie konkret auf den Märkten. Hieran misst sich die Qualität des Managements: In jeder Branche, in jedem Wirtschaftsraum gibt es Unternehmen, die in der Flaute dem Trend trotzen, die in turbulenten Zeiten über Durchschnitt zulegen. Über die Strategien und Regeln, die hinter dem Erfolg dieser Wachstumschampions stehen, wollen wir in diesem Buch sprechen.

Das Ende der V-Kurve

1. Wachstum und ständige Optimierung – die Formel für den nachhaltigen Erfolg von Unternehmen

Auf einen Blick:
Wachstum ist das wichtigste Ziel des Managements, denn Wachstum ist nicht nur der Indikator für die Leistungsstärke eines Unternehmens, sondern auch die Basis für zukünftigen Erfolg. Allerdings bedeutet wachsen nicht nur größer zu werden, es bedeutet auch besser zu werden. Mit anderen Worten: Wachstum muss profitabel sein, sonst vernichtet es langfristig den Unternehmenswert, den es eigentlich steigern soll. Eine weitere Anforderung: Wachstum muss verstetigt werden: Das zyklische Muster, dass sich Wachstums- und Kontraktionsphasen abwechseln, passt nicht mehr in die schnelllebige Ökonomie mit ihrem verschärften Wettbewerbsdruck. In den mageren Jahren der Rezession den Gürtel enger schnallen, um dann in den fetten Jahren wieder zuzulegen – dieses Rezept hat ausgedient; das Paradigma von der so genannten V-Kurve ist überholt. Stattdessen ist ein Parallelkurs gefordert. Wachstum und Restrukturierung im Sinne einer permanenten Effizienzsteigerung müssen gleichzeitig erfolgen. Ist diese Doppelstrategie in der Praxis überhaupt zu bewältigen? Wie kann das Management einen erfolgreichen Wachstumskurs einschlagen und halten? Dieses Kapitel präsentiert Antworten auf solche zentralen Fragen. Dabei liefert ein Blick in die Praxis wichtige Erkenntnisse über die Strategien der Wachstumschampions: Wir stellen die wichtigsten Ergebnisse unserer Studie vor, in der wir das Wachstumsverhalten der weltweit 1.700 größten Unternehmen untersucht haben.

Wachstum heißt, größer und besser zu werden

Stagnation bedeutet Rückschritt: Hungrige Wettbewerber warten nur darauf, ihre Position auf Kosten der Konkurrenz zu vergrößern. Das kann ein Unternehmen allein dadurch verhindern, indem es mindestens mit dem jeweiligen Markt wächst – noch besser aber schneller, sodass seine Marktanteile steigen: Die Vorteile, die sich aus einem hohen Marktanteil ergeben, wie zum Beispiel Skaleneffekte in Beschaffung, Produktion und Vertrieb, sind ein zusätzlicher Ansporn für Wachstum.

Unternehmen müssen also wachsen, um auf diese Weise permanent die Basis für ihren Erfolg in der Zukunft auszubauen. Wichtig ist dabei folgender Gedanke: Wachsen darf nicht auf seine rein quantitative Bedeutung reduziert werden – hohe Umsatz- und Mitarbeiterzahlen sind kein Wert an sich. Auch Tanker können sinken. Dies belegen aus jeder Phase der Wirtschaftsgeschichte spektakuläre Untergänge von Großunternehmen, wie zum Beispiel die Pleiten von PanAm, WorldCom oder Enron.

Nachhaltiges Wachstum beruht auf der Synthese aus Quantität und Qualität. Wachstum bedeutet, besser und größer zu werden. Nur diejenigen Unternehmen, die die Bedürfnisse ihrer Kunden besser befriedigen, die in Innovation und Service investieren, die neue Märkte erschließen, die ihre Kostenstruktur optimieren usw., sind auf einem langfristig soliden, mit anderen Worten nachhaltigen und dadurch auch profitablen Wachstumspfad. Dies ist durchaus nicht selbstverständlich, wie wir gleich mit den harten Fakten einer globalen Studie von Roland Berger Strategy Consultants belegen. Für den Moment gilt die Feststellung: Wachstum ist der Indikator, dass ein Unternehmen die richtige Strategie mit den passenden Geschäftsmodellen und optimalen Geschäftsprozessen verfolgt.

Der Wachstumsimperativ – warum Unternehmen wachsen müssen

Der traditionelle Maßstab für den Unternehmenserfolg ist das Umsatzwachstum. Das Wachstum dieses Indikators ist zugleich der entscheidende Hebel, um alle betriebswirtschaftlichen Stellgrößen eines Unternehmens *parallel* zu optimieren: Gewinn, Cashflow, Total Shareholder Return etc. Aus diesem Umstand leitet sich ein klarer Anhaltspunkt für Unternehmen ab, wie sie auf den marktseitig gegebenen Wachstumszwang reagieren müssen. Ehe wir näher beleuchten, wie sich Wachstum „erzeugen" lässt, wollen wir aber kurz die Aspekte identifizieren, die den Zwang zu wachsen auslösen:

1) *Forderung nach Wertsteigerung:* Die Idee des Shareholder Value basiert, vereinfacht gesprochen, auf der Diskontierung zukünftiger Cashflows. Wachsen sie, wird (zusätzlicher) Wert geschaffen. Sind aber die Kostensenkungspotenziale auf Grund von ständiger Optimierung geringer geworden, können stetig steigende Cashflows (präzise gesagt freie Cashflows, das heißt nach Bedienung bestehender Verpflichtungen) immer weniger allein aus Maßnahmen zur Effizienzsteigerung resultieren. Steigende Cashflows setzen damit (Umsatz-) Wachstum voraus.

2) *Existenz von Größenvorteilen:* Erfahrungskurveneffekte setzen schnelles Wachstum voraus, und auch Skaleneffekte und -vorteile kapitalisieren sich nur bei hinreichender (Mindest-) Größe. Sinkende Transaktionskosten und neue Steuerungsmöglichkeiten durch die Fortschritte der Informations- und Kommunikationstechnologie begünstigen immer stärker große Unternehmen und führen zum Wachstumszwang, um den Anschluss nicht zu verlieren. Wir kommen auf die damit verbundenen unternehmerischen Aspekte detailliert in Kapitel 3 zu sprechen.

3) *Wachsender Margendruck:* Zahlreiche Märkte in den Industrienationen befinden sich in der Sättigungsphase – die Ausstattung der Verbraucher mit

Konsumgütern und der Industrie mit Investitionsgütern ist auf einem äußerst hohen Niveau. Bei zunehmend gesättigten Märkten sinken die Margen durch steigende Wettbewerbsintensität. Konstante Umsätze führen damit zwangsläufig zu sinkenden Gewinnen. Gewinnsteigerung setzt also Umsatzwachstum voraus.

4) *Aufbau und Erhalt von Perspektiven:* Nur wachsende Unternehmen bieten gute Perspektiven für exzellente Leute. Hauptmotivator für Topmitarbeiter sind internationale Projekte, Abwechslung, Karrieremöglichkeiten und eine hervorragende Bezahlung. All dies können nur wachsende Unternehmen dauerhaft sicherstellen. Sie sind deshalb, wie auch Umfragen unterstreichen, attraktivere Arbeitgeber.

5) *Globalisierung vieler Geschäfte:* Nur internationale Unternehmen können Geschäfte im globalen Maßstab tätigen. Das ist wichtig, weil alle grenzüberschreitenden Transaktionen schneller wachsen als die nationalen Inlandsprodukte (siehe Abbildung 1) und weil die wirklichen Wachstumsmärkte mit hohem Volumen außerhalb der traditionellen Industrieländer liegen (namentlich China, ASEAN-Länder und ausgewählte Länder in Mittel-, Ost- und Südosteuropa). Wer sich noch nicht global aufgestellt hat, muss wachsen, um international lieferfähig zu werden. Gleichzeitig gilt, dass nur die Unternehmen globale Faktorkostenvorteile nutzen können, die auf Grund von entsprechenden Fertigungsmengen und Losgrößen im Ausland fertigen können.

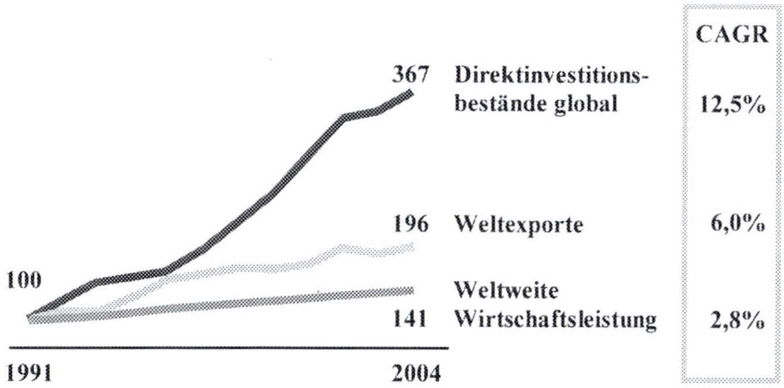

Abb. 1: Wachstumsraten im globalen Maßstab [1991 = 100] (Quelle: WTO, OECD, UNCTAD)

Ein Unternehmen kann erst dann erfolgreich wachsen, wenn es in einem grundlegenden, alle Einheiten umfassenden Prozess eine Strategie erarbeitet, abgesichert und beschlossen hat. Diese Strategie muss wesentliche Fragen beantworten: Welche Kundengruppen will das Unternehmen vorrangig bedienen? Welches Geschäftsmodell ist erfolgversprechend? Welche Trends werden die Branche beeinflussen? Werden Produkt- oder Prozessinnovationen zu einschneidenden Veränderungen im Marktumfeld führen? Wie ist das Unternehmen heute in der Wertschöpfungskette positioniert – und welchen Platz will es in der Zukunft einnehmen? So verstanden, ist Strategie ein langfristiges, mindestens aber ein längerfristiges Konzept – auch wenn die Reichweite strategischer Planung auf Grund des dynamischer gewordenen Umfelds geringer geworden ist.

Ein Unternehmen, das erfolgreich wachsen will, darf außerdem nicht darauf warten, dass der Markt ihm sagt, was es tun kann oder soll. Ein Unternehmen muss Entwicklungen und Trends auf den (aktuell bearbeiteten oder angestrebten) Märkten antizipieren. Damit ist bereits etwas Wesentliches festgestellt: Eine Strategie besteht nicht in der Imitation eines Musters, das andere erfolgreich vorexerzieren. Es geht nicht um die Kopie der Best Practices der Konkurrenz. Ein spezifisches Vorgehen eines Wettbewerbers, das sich im Markt etabliert hat, lässt sich selten wiederholen – die Gründe:

- Entweder steckt dahinter eine nicht ohne weiteres imitierbare innovative (Vor-) Leistung (Beispiele Sony, Nokia),
- oder ein Wettbewerber hält in einem bestimmten Prozess oder Produkt seine Kernkompetenz (Beispiele Coca-Cola, H&M, Ikea, Aldi),
- oder er hat als „first mover" die Märkte besetzt (Beispiele eBay, amazon.com, Microsoft, Apple),
- oder er ist durch eine starke Marke geschützt (Beispiele Porsche, Harley Davidson, Nike).

Die Beispiele zeigen, dass ein bewusstes und vor allem auch konsequent verfolgtes strategisches Vorgehen den gewünschten Erfolg bringt. Es impliziert allerdings immer auch eine Fokussierung, also eine selbst gewählte Beschränkung innerhalb der prinzipiell vielfältigen Möglichkeiten. Auf unser Thema angewendet bedeutet dies: Für Wachstum gibt es kein Rezept. Es gibt prinzipielle Muster und Strategien, die aber auf den jeweiligen spezifischen (Branchen- oder Unternehmens-) Kontext adaptiert sein wollen, damit sie ihre Wirkung entfalten können. Und eines sollte man dabei nicht vergessen: Eine Wachstumsstrategie mit Leben zu erfüllen, erfordert die volle Aufmerksamkeit und hohes Engagement des Managements. Erfolgreiches Wachstum stellt sich nicht im Selbstlauf ein, es muss aktiv vorangetrieben werden. Hinzu kommt, dass eine Strategie noch so ausgefeilt sein kann, sie steht und fällt mit den Personen, die sie umsetzen. Die richtigen Leute am richtigen Platz sind es, die eine Strategie mit Leben füllen und zum Erfolg führen. Der menschliche Faktor ist entscheidend, wenn es darum geht, wer am Ende einen Wachstumsvorsprung hat.

Wachsen wollen

Die große Bedeutung des Faktors Mensch ist durchaus bekannt: Eine Umfrage, die wir im Frühling 2004 unter deutschen und österreichischen Topmanagern durchgeführt haben, brachte ein klares Ergebnis: Der wichtigste Impulsgeber für Wachstum sind aus dem Blickwinkel der Befragten die Menschen an der Spitze – Vorstände, CEOs und Unternehmensgründer. Weit vor Kompetenzen und Systemen wurden als Wachstumstreiber Personen genannt, denn mit ihrer Einstellung und ihrem Verhalten legen sie das für Wachstum notwendige kulturelle Fundament (siehe Abbildung 2): Mitarbeiter identifizieren sich nicht mit abstrakten Vorgaben, sondern mit Vorbildern. Das eben ist es, was wir mit dem Stichwort der „Wachstumsbereitschaft" bezeichnen, eine fördernde Kultur, die alle Mitarbeiter eines Unternehmens ver- und einbindet, die sie aktiviert, den harten Weg der Expansion zu beschreiten. Nicht zuletzt: Wer sich für eine formulierte Wachstumsidee begeistern lässt, erkennt diese auch als Vorgabe an und lässt sich auch darauf verpflichten.

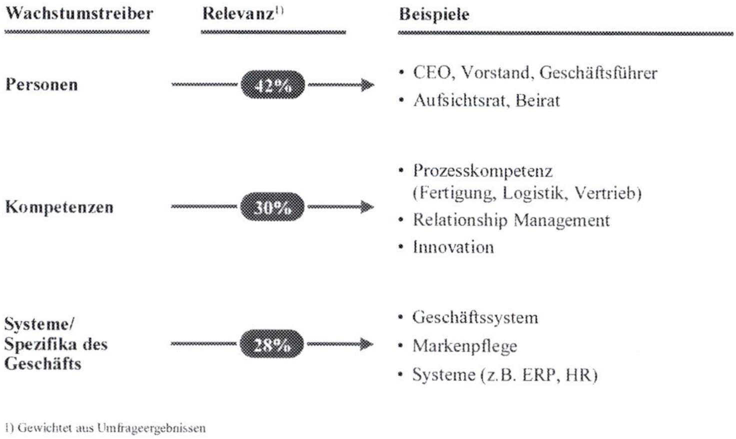

Abb. 2: Wichtige Determinanten für die Wachstumsbereitschaft von Unternehmen

Allerdings förderte unsere Umfrage auch zutage, dass die Unternehmen selbstkritisch einräumen, dass zwischen Anspruch und Wirklichkeit eine Lücke klafft: Bei allen wachstumsrelevanten Führungskomponenten – Motivation der Mitarbeiter, Zielvorgaben, persönliche Kundennähe, Führungskräfteauswahl und innovative Unternehmenskultur – konstatieren viele Gesprächspartner Aufholbedarf im eigenen Unternehmen. Es erscheint paradox: Gerade solche Eigenschaften, die als hochgradig wachstumsfördernd gelten, sind in den Unternehmen zu gering ausgeprägt, während Eigenschaften, die die Befragten selbst als wachstumshemmend einschätzen, in der Praxis noch oft anzutreffen sind (siehe Abbildung 3).

Ein weiteres Ergebnis: Die Unternehmen sind in punkto Wachstum oft zu defensiv. Fast die Hälfte der Befragten verneint die Frage, ob in ihrem Unternehmen top down ein explizites Startsignal ausgegeben wurde, mit dem für alle erkennbar eine Wachstumsphase eingeleitet wurde. Die Zurückhaltung resultiert aus der Sorge, die angestrebten Ziele durch ungünstige Marktverhältnisse zu verfehlen – dabei belegt unsere Studie auch, dass erst ambitionierte Zielvorgaben den notwendigen Drive erzeugen, der ein Unternehmen mit aller Kraft nach Wachstum streben lässt. Vorsichtige Ziele sind zwar leichter zu erreichen, unterstützen jedoch einen forcierten Wachstumskurs nicht. Anders gesagt: Wachsen setzt wachsen wollen voraus.

Rang	Eigenschaft
1	Visionen für Gesamtunternehmen
2	Motivation für Mitarbeiter
3	Quantitative Zielvorgaben
4	Persönliche Kundennähe
5	Gute Führungskräfteauswahl
6	Schaffung einer innovativen Kultur
7	Vorbildwirkung
8	Starke Incentivierung
9	Führungsseitiger Druck

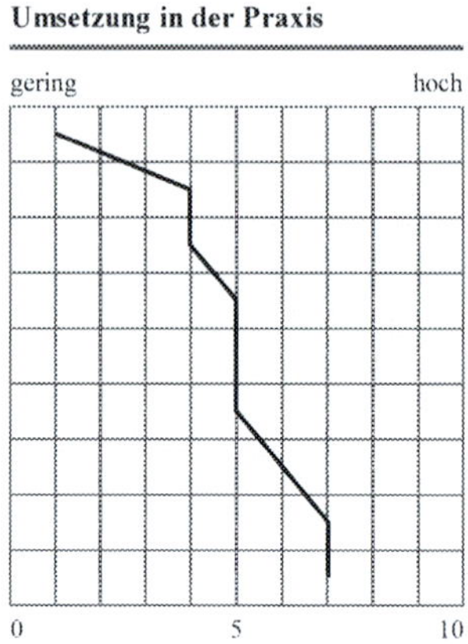

Abb. 3: Wachstumsrelevante Führungseigenschaften und ihre Umsetzung in der Praxis

Als eine wesentliche Erkenntnis aus unserer Studie lässt sich festhalten: Unternehmen, die wertsteigerndes Wachstum erreichen wollen, müssen ihre Organisation, Kultur und Führung als Wachstumstreiber erkennen und auf Wachstum einstellen. Wenn interne Wachstumshürden selbstkritisch analysiert und gezielt beseitigt werden, sind die entscheidenden ersten Schritte in Richtung Wachstum getan.

Ein zusätzlicher Zwang: Das Wachstum muss profitabel sein

Unternehmen sind nicht nur gezwungen, permanent zu wachsen. Im Hinblick auf die Tatsache, dass sie Shareholder Value generieren müssen, muss ihr Wachstum auch profitabel sein. Der Wachstumskurs muss also durch ein Wertmanagement abgesichert sein, das darauf ausgerichtet ist, die folgenden Bedingungen zu erfüllen:

- Zusätzliche Umsätze müssen Gewinne erwirtschaften, indem sie per se profitabel sind oder dazu beitragen, die Profitabilität des Gesamtunternehmens zu erhöhen (zum Beispiel über Synergievorteile, Cross Selling, Erreichen von Mindestgrößen, Shared Services etc.).

- Wenn Wert geschaffen werden soll, müssen die zusätzlichen Umsätze entsprechend den Spielregeln des Wertmanagements mindestens die Kapitalkosten verdienen. Hier liegt die Mindestgewinnschwelle für profitables internes Wachstum. Wenn der Umsatzzuwachs diese Bedingung nicht erfüllt, wird der Unternehmenswert durch diese Art von Wachstum nicht gesteigert, sondern geschmälert und schließlich vernichtet. Für externe Wachstumsprojekte durch Unternehmenskäufe gilt, dass die Akquisitionsprämie (der Preis, der über den eigentlichen Wert des zu erwerbenden Unternehmens hinausgeht) kleiner zu sein hat als die prognostizierten Synergien – die dann natürlich noch realisiert werden müssen.

- Da Wachstum in der Regel Investitionen erfordert, muss entweder genügend freier Cashflow im Unternehmen sein (oder in absehbarer Zeit durch Restrukturierung und Optimierung generiert werden) oder die Passivseite muss Finanzierungsspielräume bieten. Wir kommen auf diesen Aspekt in Kapitel 6 eingehend zu sprechen. Im Kern bedeutet dies, dass de facto nur profitable Unternehmen einen Wachstumskurs einschlagen können.

Wachstum ist sehr wichtig, profitables Wachstum ist noch wichtiger: Die Steigerung indiziert, dass der Markt mehr fordert und sich die Erwartungen verschärfen. Der Hinweis, die Benchmarks von gestern und heute zu erreichen, reicht nicht mehr aus, um Durchsetzungsfähigkeit zu demonstrieren und für die beiden knappen Ressourcen, nämlich Investivkapital und intellektuellen Input, attraktiv zu sein. Es reicht also keinesfalls, der Umsatzprimus der jeweiligen Branchenklasse zu sein – nur profitables Wachstum hält ein Unternehmen langfristig auf Erfolgskurs.

Was großen Unternehmen leichter fällt als kleinen

Große Unternehmen können starke Vorteile in die Waagschale werfen und haben aus diesem Grund ein höheres Wachstumspotenzial – auf eine Formel gebracht: „Big is beautiful", wenn wir über Wachstum sprechen. Wir wollen diese These mit einer Reihe von Argumenten untermauern.

- Skaleneffekte und -vorteile kapitalisieren sich nur bei hinreichender (Mindest-) Größe. Sinkende Transaktionskosten und der rasante Fortschritt der Informations- und Kommunikationstechniken führen zur Reduzierung von Größennachteilen und einer besseren Ausnutzung der Größenvorteile. Diese Entwicklung – auf die wir in Kapitel 2 dieses Buches ausführlich eingehen – begünstigt große Unternehmen. Ihnen fällt es auch leichter, etwa durch die Übertragung von Best-Practice-Beispielen und Erfahrungskurveneffekten Kosten zu senken und dadurch ihren Wert zu steigern.

- Für Großunternehmen ist es einfacher, einen aktiven Part in der zunehmenden Verflechtung der Weltwirtschaft zu spielen, da sie in der Regel eher als kleinere Unternehmen über die dafür erforderlichen Mittel verfügen. Sie können schneller Präsenz in neuen Märkten zeigen und diese durchdringen, sei es aus eigener Kraft oder mit Hilfe von Partnern. Sie können von der Globalisierung schneller profitieren, indem sie standortspezifische Kostenvorteile nutzen. Die Internationalisierung der Geschäftstätigkeit erfordert also eine gewisse Mindestgröße, sowohl in Bezug auf die Fähigkeit zur Positionierung in fremden Märkten als auch in Bezug auf die Nutzung von länderspezifischen Faktorkostenvorteilen. Hinzu kommt, dass den Großunternehmen Optionen bei ihren Internationalisierungsstrategien zur Verfügung stehen, die für kleinere Akteure nur schwer umzusetzen sind, zum Beispiel Kooperationen oder strategische Bündnisse.

- Üblicherweise haben große Unternehmen eine höhere Finanzkraft als kleinere; so fällt es ihnen leichter, die für Investitionen erforderlichen Mittel bereitzustellen oder einzuwerben. Die Unternehmensfinanzierung über die Kapitalmärkte steht zwar theoretisch auch kleinen und mittleren Unternehmen offen; in der Praxis sind es aber vor allem Großunternehmen, die die Kapitalmärkte nutzen können.
- Angesichts eines Prozesses, bei dem sich ein Wandel weg von der Industrie- über die Dienstleistungs- hin zur Wissensgesellschaft vollzieht, ist für den zukünftigen Erfolg eines Unternehmens dessen Fähigkeit entscheidend, Wissen effizient zu nutzen. Es liegt auf der Hand, dass große Unternehmen in der Regel über bessere Wissensressourcen verfügen als kleinere. Allerdings gilt seit etwa einer Dekade verstärkt die Regel, dass nicht der schiere Besitz von Wissen, sondern seine Transferfähigkeit – also die Anwendung des Know-hows in konkreten Prozessen und Produkten – den eigentlichen Wettbewerbsvorsprung begründet. Nur angewandtes Wissen kapitalisiert sich in Form von Wachstum.
- Gerade in der sich abzeichnenden Ära der Wissensgesellschaft steckt das wichtigste Kapital eines Unternehmens in den Köpfen seiner Mitarbeiter. Insofern ist es von existenzieller Bedeutung für den Erfolg eines Unternehmens, talentierte und motivierte Mitarbeiter zu gewinnen und langfristig zu halten. Größere Unternehmen sind hier im Vorteil: Viele High Potentials halten sie im Vergleich zu Mittelständlern für die attraktiveren Arbeitgeber. Auch die Selbstständigkeit als Alternative bleibt häufig zweite Wahl – dies gilt nicht nur fürs kontinentale Europa, sondern auch für die USA, wo der stärkere Unternehmergeist nicht zu einer höheren Unternehmerquote führt.

Mit Ausnahme des letzten Punktes – hier ist noch ein Wandel in den Köpfen der Absolventen nötig – gelten all diese Punkte natürlich nicht nur für Großunternehmen, sondern auch für große Mittelständler. Auch sie realisieren Skaleneffekte, internationalisieren ihr Geschäft, nutzen zunehmend den Kapitalmarkt und bauen auf die effiziente Nutzung ihres – in einem Spezialgebiet oftmals herausragenden – Wissens. Und auch sie können über die Nutzung ihrer Größenvorteile weiteres

Wachstum und eine weitere Steigerung ihrer Effizienz erreichen. Gerade in Deutschland gibt es zahlreiche Beispiele hervorragend aufgestellter und wachstumskräftiger großer Mittelständler.

Kleineren Unternehmen bleiben die Größenvorteile dagegen vorenthalten – zumindest solange sie isoliert agieren. Schließen sie sich zu Netzwerken oder virtuellen Organisationen zusammen, können aber auch sie von der dadurch gewonnen Größe profitieren. In einem Netzwerk erlangen sie z.B. durch Bündelung eine stärkere Einkaufsmacht, teilen ihr Know-how im Bereich Forschung und Entwicklung oder sind in der Lage, über eine gemeinsame Vertriebsplattform Skaleneffekte zu generieren. Allerdings sind Netzwerke in der Praxis natürlich auch mit Problemen behaftet, weshalb sie dort seltener anzutreffen sind, als die Vorteile zunächst vermuten lassen. In technischer Hinsicht behindert oft die Nutzung unterschiedlicher Systeme eine reibungslose Zusammenarbeit. Das Aufeinanderprallen unterschiedlicher Unternehmenskulturen kann ebenso belastend sein. Schließlich schrecken viele Unternehmen vor der Zusammenarbeit mit Konkurrenten zurück, weil sie den Abfluss von Know-how befürchten und ihre Wettbewerbsposition gefährdet sehen.

Der Wachstumsalgorithmus – das Perpetuum mobile in Schwung bringen und halten

Wachstumsstrategien sind eine komplexe Angelegenheit, weil sie – wie bereits dargelegt – mehrere Ziele parallel erreichen müssen: Umsatzsteigerung, Wertzuwachs, operative *excellence* und Finanzierung des Wachstums stehen in enger Verbindung zueinander. Die gute Nachricht dabei ist: Hat man den (unternehmens- und branchenindividuell) richtigen „Wachstumsalgorithmus" gefunden, setzt man ein Schwungrad in Gang, das sich gewissermaßen selbst in Bewegung hält. Die zugehörige logische Kette ist, gemessen an der Komplexität der Strategiedefinition, vergleichsweise schlicht: Eine exzellente operative Performance – erkennbar zum Beispiel an höherer Produktivität, Stückkostenvorsprüngen etc. – bildet die Basis für höhere freie Cashflows, die in der Folge in Wachstum investiert werden können. Sofern dieses Wachstum profitabel ist und richtig gemanagt wird, erschließt es neue, größenbedingte Vorteile (etwa Skaleneffekte, niedrigere Faktorkosten durch Globalisierung usw.). Die Nutzung dieser Größenvorteile generiert wiederum einen höheren freien Cashflow – so lässt sich fortwährendes Wachstum verstetigen (siehe Abbildung 4).

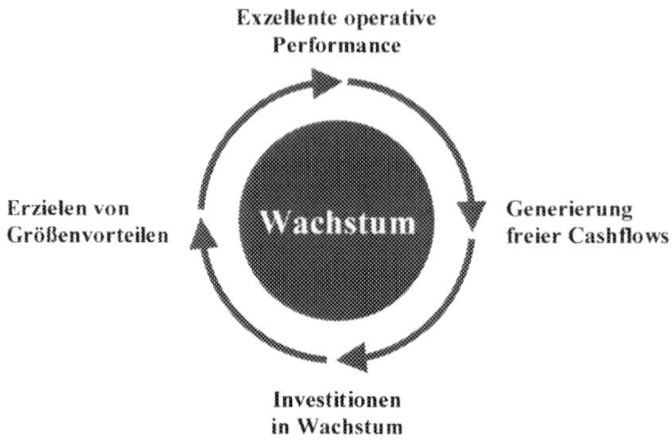

Abb. 4: Schema der Wachstumsformel

Aber wie kommt dieses Perpetuum mobile des Wachstums in Schwung? Die Antwort auf diese unternehmerische Kernfrage ist der Abschied von der althergebrachten V-Kurve als Muster der Unternehmensführung. Dieses Konzept geht davon aus, dass sich Unternehmen zyklisch entwickeln: Phasen der Effizienzoptimierung und Phasen des Wachstums wechseln sich ab. Salopp formuliert: In fetten Jahren legt das Unternehmen zu, in den mageren Jahren nimmt es ab. Diese Art unternehmerischer Jojo-Effekt kann heute aber kein nachhaltiges Wachstum mehr garantieren. Im aktuellen Wettbewerbsumfeld müssen Unternehmen permanent bestrebt sein, ihre Effizienz zu steigern und gleichzeitig zu wachsen. Nur diese Parallelstrategie aus Wachstum und Restrukturierung führt langfristig zum Erfolg. Restrukturierung darf hier allerdings nicht mit Sanierung im Fall einer Unternehmenskrise verwechselt werden. Restrukturierung im Kontext der Wachstumsstrategie ist als Erneuerung von Prozessen und Strukturen mit dem Ziel der Effizienzsteigerung zu verstehen.

Eine globale Analyse: So wachsen die Größten

Um optimale Wachstumsstrategien zu identifizieren, hat Roland Berger Strategy Consultants in den letzten beiden Jahren mehrere interne Studien durchgeführt, die sich mit den zentralen Fragen des Managements auseinandersetzen:

- Gibt es eine Wachstumsformel? Lassen sich also Muster identifizieren, nach denen Wachstumsprozesse funktionieren?
- Was sind die kritischen Punkte bei der Entwicklung und Umsetzung von Wachstumsstrategien?
- Wie müssen Unternehmen aufgebaut und – noch wichtiger – geführt werden, um dauerhaftes Wachstum zu erreichen und abzusichern?

In einer quantitativ ausgerichteten ersten Analyse haben wir die 1.700 Topunternehmen in der Triade betrachtet, also 900 führende Unternehmen in Westeuropa, die 500 im US-Kapitalmarkt-Index S&P's 500 gelisteten Unternehmen sowie die im japanischen Börsenbarometer Nikkei-300 aufgeführten Gesellschaften. Analysiert wurden alle relevanten betriebswirtschaftlichen Indikatoren im Zeitraum 1991 bis 2003, wobei uns insbesondere die Wachstumsraten der Umsätze und des Vorsteuergewinns, des Unternehmenswerts (gemessen als Total Shareholder Return, also Kurssteigerungen plus Ausschüttungen) sowie des Operating Cashflow interessiert haben, aber ebenso die Produktivität und die Entwicklung der Mitarbeiterzahlen. Der für die Untersuchung gewählte Zeitraum deckt einen gesamten Konjunkturzyklus ab, beginnend mit der Überwindung der Rezession zu Beginn der 90er Jahre über die anschließende Aufschwungphase und das globale Wachstumshoch ab 1998 sowie den erneuten Niedergang ab der zweiten Jahreshälfte 2000 bis zu den konjunkturell schwierigen Jahren 2001 bis 2003. Um den Einfluss der schwachen Jahre 2001 und 2002 auf die Ergebnisse zu minimieren, haben wir für alle Größen das arithmetische Mittel der jährlichen Wachstumsraten berechnet.

Im Ergebnis zeigte sich ein durchschnittliches Wachstum (Median) des Gesamt-Panels von 8,0% p.a. im Umsatz und 15,4% p.a. im Vorsteuergewinn (EBIT). Und obwohl sich das Börsenklima seit Frühsommer des Jahres 2000 extrem verschlechterte, hat die Gruppe der weltweiten Spitzenunternehmen ein Wachstum des Total Shareholder Return von ansehnlichen 11,4% p.a. erreicht.

Selbst wenn man diese Zahlen um den Einfluss der Inflation bereinigt, so ist ein erstes Ergebnis, dass die größten Unternehmen der Welt im Durchschnitt schneller wachsen als die nationalen Inlandsprodukte. Größe lässt sich demzufolge als Erfolgskonzept verstehen, um sich im makroökonomischen Benchmark zu behaupten. Dies freilich ist nur die erste und schnelle Analyse. Erst in der Ausdifferenzierung zeigen sich die entscheidenden Einsichten.

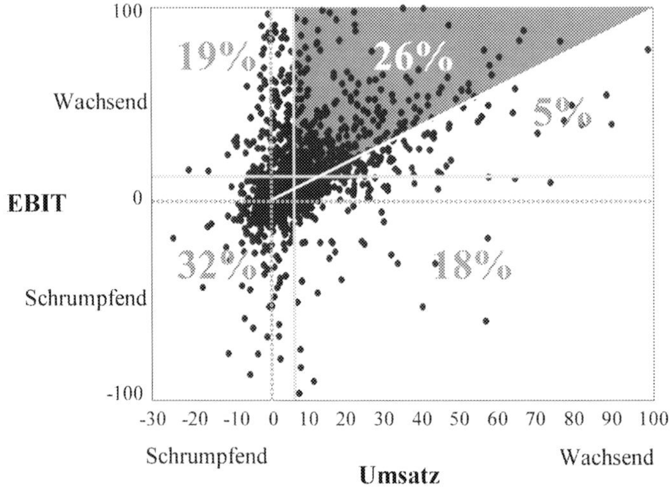

Abb. 5: Wachstum von Vorsteuergewinn und Umsätzen von 1.700 Triade-Unternehmen

Für eine weitere Differenzierung haben wir die gewonnenen Ergebnisse für Vorsteuergewinne und Umsätze als Punktwolke in eine Matrix eingetragen (siehe Abbildung 5). Dabei geben für uns nicht die beiden Null-Linien den Orientierungspunkt, sondern die globalen Durchschnittswerte: Wir gewinnen so eine Vier-Felder-Matrix, deren rechter oberer Quadrant die weltweit besten Unternehmen enthält – sie wachsen sowohl im EBIT als auch bei den Umsätzen besser als der Weltdurchschnitt. Allerdings gibt es auch in dieser Spitzengruppe noch besondere Perlen. Sie identifizieren wir, indem wir die Diagonale einfügen: Bei allen Unternehmen oberhalb dieser Linie wächst der Vorsteuergewinn mit einer höheren Durchschnittsrate als die Umsätze. Wenn Wachstum profitabel sein muss, dann realisieren diese Firmen es geradezu perfekt – sie sind gewissermaßen „überprofitabel". Aus diesem Grund bezeichnen wir sie als *Outperformer (profitable growers)*, und zu dieser Gruppe zählen 26% der betrachteten Unternehmen.

Im Dreieck unterhalb der Winkelhalbierenden liegen jene 5% der Unternehmen, deren Wachstumsraten besser als der Weltdurchschnitt sind, deren Gewinne aber langsamer wachsen als die Umsätze. Diesen Zukunftsträgern oder *Expanders* (Sektor 2) muss es gelingen, ihre operative *excellence* zu erhöhen. Dann haben sie sehr gute Chancen, in die Spitzengruppe der Outperformer vorzustoßen. Immerhin zeigt der Blick auf die Sektoren 1 und 2 unserer Matrix: Wer oberhalb des Weltdurchschnitts wächst, hat gute Chancen, auch überprofitabel zuzulegen – oberhalb der Winkelhalbierenden stehen deutlich mehr Topunternehmen als unterhalb.

Unterhalb des globalen Durchschnitts haben wir drei Felder gebildet:

- Etwa 18% der Unternehmen haben zwar ihren Umsatz überdurchschnittlich gesteigert; ihnen ist es aber nicht geglückt, ihr Umsatzwachstum in ein entsprechendes Gewinnwachstum abzubilden. Es sind *Inflators (*Sektor 3), die Wert vernichten und keine operative *excellence* erreichen. Über kurz oder lang werden sie gezwungen sein, ihr Wachstum zurückzunehmen, um Profitabilität zu gewinnen. Sonst laufen sie Gefahr, ins Feld der *Retreaters* abzurutschen.

- Ein knappes Drittel der untersuchten Unternehmen hat sowohl sinkende Umsätze als auch sinkende Gewinne zu beklagen; die Mehrzahl von ihnen ist überproportional im Gewinn geschrumpft. Sinkende Umsätze auf Grund schwieriger Marktgegebenheiten konnten also nicht durch entsprechende Maßnahmen auf der Kostenseite aufgefangen werden. Diese so genannten *Retreaters* kämpfen in einer Abwärtsspirale um ihr Überleben. Das Downsizing hat hier keine für den Wachstumsprozess einsetzbaren Cashflows generiert, sondern die Wachstumsfähigkeit untergraben. Hier zeigt sich, dass permanente Kostensenkung nur im Verbund mit einer Wachstumsstrategie Perspektiven schaffen kann. Andernfalls besteht das Risiko, dass sich ein Unternehmen zu Tode spart.

- Trotz unterdurchschnittlicher oder sogar sinkender Umsatzentwicklung haben es 19% der Unternehmen geschafft, ihren Gewinn überproportional zu steigern. Die *Consolidators (*Sektor 5) haben einen Restrukturierungskurs durch Downsizing eingeschlagen. Dieser wird allerdings langfristig nicht zur Steigerung des Unternehmenswerts führen, da hier der Wachstumsimperativ nicht erfüllt wird. Für die Unternehmen dieser Gruppe gibt es nur die Möglichkeit, durch die Kumulation operativer Cashflows und Investitionen wieder auf Wachstumskurs zu gelangen. Andernfalls steigen sie ins Feld der *Retreater* ab und laufen Gefahr, vom Markt zu verschwinden. Unsere Analysen zeigen, dass zahlreiche Unternehmen diesen Weg gegangen sind. Wir sehen erneut, dass die V-Kurve nicht mehr gilt: Ein reiner Restrukturierungskurs, wie ihn die *Consolidators* verfolgen, ist äußerst riskant und führt zu häufig in eine Abwärtsspirale.

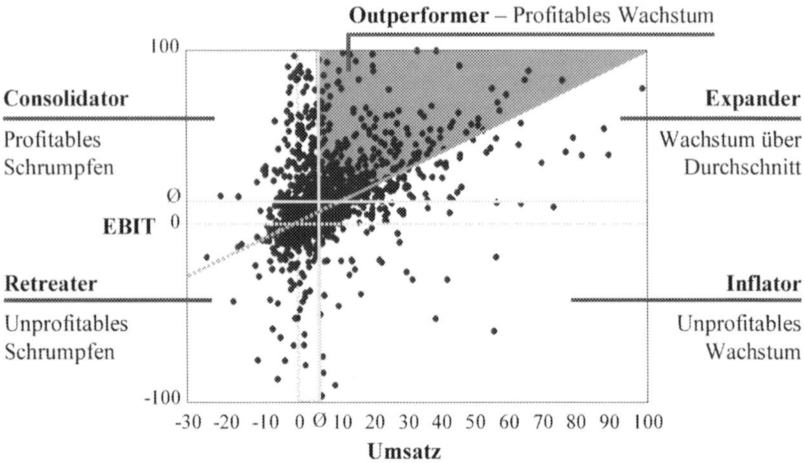

Abb. 6: Fünf-Felder-Matrix zur Entwicklung von Vorsteuergewinn und Umsatz

Diese Ergebnisse unserer Wachstumsstudie zeigen ein sehr differenziertes Bild der Wachstumsstrategien und -fähigkeiten der großen Unternehmen der Weltwirtschaft. Nur gut ein Viertel zählt zu den Outperformern. Diese übertreffen ihre Peergroup allerdings deutlich (siehe Abbildung 7):

- Die Umsätze der Outperformer wachsen mit durchschnittlich 17,1% p.a. – der Rest der in der Studie betrachteten Unternehmen nur mit 5,7%.
- Der Vorsteuergewinn legt bei den Outperformern um durchschnittlich 41,4% pro Jahr zu – bei den übrigen Unternehmen lediglich um 10,1%.
- Der Wert der Unternehmen (Total Shareholder Return) ist in der Spitzengruppe mit einer durchschnittlichen Rate von 17,5% p.a. gewachsen, bei den anderen nur mit 9,4%.
- Auch wenn die weiteren Indikatoren für die Performance der untersuchten Unternehmen betrachtet werden, hebt sich die Gruppe der Outperformer durch herausragende Resultate ab. So erhöhte sich hier die Zahl der neu geschaffenen Arbeitsplätze um durchschnittlich 12,9% pro Jahr, bei den übrigen Unternehmen dagegen nur um 3,9% (beide Male wurden die Effekte von Fusionen berücksichtigt). Die Produktivität stieg in der Spitzengruppe um durchschnittlich 5,7% p.a. gegenüber 3,4% im übrigen Panel. Und der Cashflow – als Geldquelle für weiteres Wachstum – weist eine jahresdurchschnittliche Wachstumsrate von 56,5% auf, während es die übrigen Firmen nur auf 39,9% bringen.

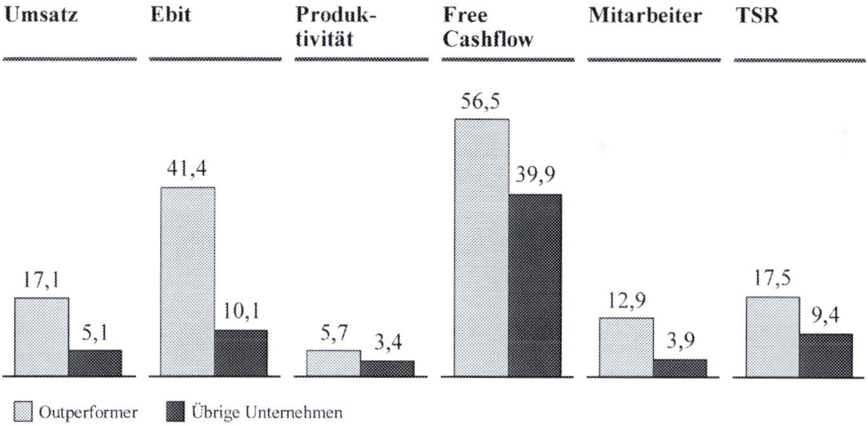

Abb. 7: Durchschnittliche Wachstumsraten von 1.700 Triade-Unternehmen in den Jahren 1991 bis 2003 [% p.a. Median]

Unsere empirische Analyse unterstreicht zweierlei: Zum einen, dass sich Wachstum und Wertsteigerung nicht im Selbstlauf einstellen. Wenn lediglich 26% der betrachteten Unternehmen in der Lage sind, sich signifikant vom Rest des Panels abzusetzen, zeigt dies deutlich, welch immense Bedeutung einer guten Unternehmensführung im Wettbewerbsvergleich zukommt. Zum anderen sind der erhebliche Unterschied zwischen den Werten der Spitzengruppe und dem restlichen Feld sowie die unterschiedlichen Positionierungen innerhalb der Wettbewerbsmatrix ein klares Indiz für bisher nur unzureichend ausgeschöpfte Möglichkeiten. Dieses brachliegende Potenzial lässt darauf schließen, dass Wachstumschancen existieren, die nur darauf warten, in Zukunft ergriffen zu werden.

Wege zum Wachstum

In der Praxis lassen sich viele mögliche Wege identifizieren, auf denen Unternehmen ihre Wachstumsziele erreichen wollen. Im Dienste einer grundsätzlichen Auseinandersetzung mit der Wachstumsfrage unternehmen wir den Versuch, diese Vielzahl von Wachstumsansätzen zu systematisieren: Traditionell verläuft Wachstum intern oder extern, zudem sind in jüngerer Zeit auch Kooperationen zu einem wichtigen Wachstumsmuster geworden. Im Einzelnen:

- *Internes Wachstum:* Charakteristisch für internes oder organisches Wachstum ist, dass das Unternehmen aus eigener Kraft und auf Basis der eigenen Ressourcen expandiert. Per definitionem geht internes Wachstum ohne Akquisitionen vonstatten; allerdings gelten kleinere Übernahmen, etwa der Kauf von Vertriebsorganisationen oder Fertigungsanlagen, in der Regel noch als

Teil einer organischen Wachstumsstrategie. Üblicherweise haben solche internen Wachstumsprozesse geringere Risiken. Allerdings erfordert organisches Wachstum einen längeren Atem, weil solche Prozesse mehr Zeit brauchen und nicht zu schnellen Wachstumsschüben führen.

- *Externes Wachstum:* Hierzu zählen alle Strategien, die Wachstum durch die Nutzung von extern geschaffenen Ressourcen erreichen. Durch Akquisitionen und Fusionen lassen sich schnelle, signifikante Wachstumsschübe erzielen. Dies bietet sich an, wenn neue Marktsegmente schnell erschlossen oder gesättigte Märkte konsolidiert werden sollen, eine Internationalisierung der Geschäftstätigkeit beabsichtigt ist oder wenn man eine vertikale oder horizontale Integration entlang der Wertschöpfungskette anstrebt, etwa zur Verbesserung der Kostenposition. Auch der Erwerb einer etablierten Marke oder von Know-how spricht für die Option des Wachstums durch Übernahmen.
  Externes Wachstum ist sprungartig, zum Teil haben sich die Umsätze nach Fusionen verdoppelt. Allerdings bergen externe Wachstumsstrategien auch enorme Risiken – die Zahl der gescheiterten Fusionen ebenso wie die oftmals ungünstige Wertentwicklung nach einer Fusion spricht eine klare Sprache. Der folgende Exkurs geht ausführlicher auf die Risiken und Erfolgsfaktoren von Fusionen ein.

- *Wachstum durch Kooperationen:* Die traditionellen Muster setzen auf die Inkorporation des Wachstums innerhalb der Grenzen des bestehenden Unternehmens: Wachstum wird aufgebaut oder zugekauft. Inzwischen beschreiten viele Unternehmen einen dritten Weg: Sie versuchen, über projekt- oder zielorientierte Kooperationen, also gewissermaßen „virtuell", zu wachsen. Dieses Muster läuft darauf hinaus, Teile der Wertschöpfung extern erbringen zu lassen (was sich mit dem Gedanken gut verträgt, sich auf die eigenen Kernkompetenzen zu konzentrieren): Unternehmen dehnen den Vorleistungsbezug aus oder verbünden sich auf der Absatzseite mit einem starken Partner, der den Output am Markt unterbringt – gerade für die internationale Expansion, aber auch für Verbundangebote von Produkten und Dienstleistungen ein günstiges Wachstumsmuster.
  In jedem Falle wird das unternehmerische Risiko zwischen den Partnern geteilt: Das Wachstum muss nicht allein gestemmt werden, und es sind unterschiedliche Formen der Flexibilisierung möglich, was im Wesentlichen eine Frage der vertraglichen Gestaltung ist.
  Die beiden entscheidenden Faktoren, die das „virtuelle" Wachstum über Kooperationen ermöglichen, sind die weltwirtschaftliche und die technologische Integration. Sinkende Handels- und Investitionsschranken verbunden mit wachsender Rechtssicherheit haben die Grundlage dafür geschaffen, dass Unternehmensbeziehungen über Ländergrenzen hinweg deutlich einfacher vonstatten gehen, ja oft überhaupt erst möglich wurden. Dieser politisch-rechtliche Faktor wurde durch die deutlich verbesserten Möglichkeiten ergänzt, die Arbeitsteilung über informationstechnologische Infrastrukturen zu

steuern und zu kontrollieren – auch interregional. Da hier noch grundlegende Innovationen zu erwarten sind, ist mit weiteren strukturellen Veränderungen der ökonomischen Landschaft zu rechnen. Die konkreten Wachstumschancen hängen hier an der Frage, ob die Kooperation tatsächlich eine adäquate Antwort auf eine existierende Größenlimitation geben kann, sie also durch eine grundlegend veränderte Herangehensweise zu überwinden versteht.

Exkurs: Nüchternes Kalkül statt Euphorie – die Erfolgsfaktoren für Wachstum und Wertsteigerung durch Fusionen

Nach einem kontinuierlichen Anstieg der Firmenzusammenschlüsse in den 90er-Jahren erreichte die Fusionswelle im Jahr 2000 ihren Höhepunkt. Weltweit gab es über 13.000 Fusionen (mit veröffentlichtem Kaufpreis) mit einem Gesamtvolumen von mehr als 4.000 Mrd. EUR. Doch auf die Euphorie, die zahlreiche Fusionen auslösten, folgte wenig später die Ernüchterung. Denn die Risiken wurden übersehen:

- Die hinter einer Fusion liegende Strategie war nicht zu Ende gedacht.
- Die Kulturen der fusionierten Unternehmen passten nicht zusammen.
- Die ursprünglich erhofften Synergien ließen sich nicht oder erst nach zu langer Zeit realisieren – die Akquisitionsprämie erwies sich als zu hoch.

Insbesondere der letzte Punkt ließ zahlreiche Fusionen scheitern. Zum einen wurde das Synergiepotenzial zu hoch eingeschätzt. Euphorie siegte hier über Sorgfalt und Vorsicht, denn der Erfolg von Fusionen ist mit zahlreichen Unbekannten verbunden, die das Synergiepotenzial beeinflussen: Die Reaktionen der Stakeholder (Kunden, Mitarbeiter, Shareholder etc.) auf die Fusion sind ebenso ungewiss wie die Reaktion der Wettbewerber; das Unternehmen kann gezwungen sein, Synergiepotenziale an seine Kunden weiterzugeben, und die Konzentration auf die Fusion kann zu einer Vernachlässigung des operativen Geschäfts führen. Außerdem birgt die subjektive Schätzung von Synergiepotenzialen die Gefahr von Bewertungsfehlern. Zum anderen wurde vernachlässigt, dass Synergien gegen die Zeit zu erarbeiten sind. In der Regel stehen nur zwei bis drei Jahre zur Verfügung, um die Synergien auch zu realisieren. Eine vergleichsweise kurze Zeitspanne, die erfordert, dass eine Quantifizierung der Synergien besonders sauber durchgeführt wird und alle Anstrengungen auf die schnelle Hebung der Synergien in der Anfangsphase gelegt werden. Dabei darf natürlich weder das operative Geschäft vernachlässigt werden noch dürfen längerfristig wirksame kulturelle Aspekte aus den Augen verloren werden.

Die Fusionen gingen nach der Jahrtausendwende zunächst drastisch zurück, sowohl was die Anzahl als auch das Volumen der Deals betraf – letzteres war im Jahr 2003 auf ein Drittel des Rekordvolumens des Jahres 2000 geschrumpft.

Doch seit 2004 gibt es deutliche Anzeichen, dass Übernahmen, auch im großen Stil, wieder anziehen. Die Übernahme von Aventis durch Sanofi-Synthélabo machte den Anfang, zum Jahreswechsel 2004/2005 gab es die Akquisition von Peoplesoft durch Oracle im Softwaresektor, von Nextel durch Sprint im Telekommunikationsbereich und von Novar durch Honeywell im Elektroniksektor.

Die neuen Fusionen sind natürlich wiederum von der Hoffnung auf Synergieeffekte und die Erschließung neuer Märkte getragen. Wachsende Gewinne haben dafür gesorgt, dass wieder mehr Geld für Übernahmen zur Verfügung steht. Außerdem hat das gestiegene Vertrauen in die externe und interne Unternehmensaufsicht das Klima für Fusionen verbessert: Eine strengere Börsenaufsicht und verschärfte Corporate-Governance-Richtlinien haben die Angst verringert, beim Kauf eines Unternehmens zum Opfer von Bilanzmanipulationen zu werden und Phantasiepreise zu bezahlen, die den wahren Wert des Akquisitionsziels weit übertreffen.

Ein entscheidender Faktor für die erneute Zunahme von Firmenübernahmen ist, dass Fusionsentscheidungen heute auf einer solideren Grundlage basieren als während der Phase des Hypes im Jahr 2000: Die Übernahmepreise haben sich normalisiert, weil der Nutzen einer Fusion weniger euphorisch, sondern realistischer eingeschätzt wird – was sich auch in gesunkenen Börsenpreisen widerspiegelt. Auch sind die Manager von Unternehmen heute besser vorbereitet, Fusionen erfolgreich zu gestalten. Die Fehler der Vergangenheit, die viele Übernahmen scheitern ließen, wurden inzwischen gründlich analysiert. Diese Lektion war zwar bitter, aber immerhin hat sie dazu geführt, dass heute die Erfolgsfaktoren für Fusionen bekannt sind:

- Die Akquisition muss sich in die übergeordnete Unternehmensstrategie einpassen. Bloßes quantitatives Wachstum, das nur die Macht der Unternehmenslenker vermehrt, führt in eine Sackgasse.
- Bei Synergien ist nicht nur deren absolute Höhe zu berücksichtigen, sondern auch die Zeitspanne, innerhalb derer sie sich realisieren lassen. Übernahmen, die erst mittelfristig Synergieeffekte erwarten lassen, sind besonders kritisch zu prüfen.
- Die vermeintlich weichen Faktoren, wie der Führungsstil, die Kommunikation oder die Personalarbeit, können den Erfolg einer Übernahme gleichermaßen beeinflussen wie harte Faktoren. Ein Unternehmen muss sich daher zunächst über die eigene Kultur im Klaren sein und dann die Kultur des Übernahmekandidaten prüfen. Dabei ist es nicht zwingend, dass die Kulturen deckungsgleich sind. Es kann sogar vorteilhafter sein, wenn sich die Kulturen der beiden Unternehmen ergänzen. So wie die Beurteilung der harten Faktoren sollte außerdem auch die der weichen Faktoren von externer Seite aus vorgenommen werden.

- Sowohl bei harten als auch bei weichen Faktoren ist bereits im Vorfeld einer Fusion zu berücksichtigen, in welchem Verhältnis die Unternehmen nach der Fusion zueinander stehen sollen. Behält das übernommene Unternehmen eine weitgehende Autonomie, kommt zum Beispiel kulturellen Differenzen eine geringere Bedeutung zu als bei einer vollständigen Verschmelzung. Dabei kann es auch eine schrittweise Integration geben – sie ist häufig erfolgreicher als eine sofortige Eingliederung und erleichtert das Abstoßen von Teilen, die nicht zum neuen Gesamtkonzern passen.
- Bei Fusionen dürfen nicht nur die Interessen der Aktionäre im Mittelpunkt stehen. Die wichtigsten übrigen Stakeholder – Kunden, Mitarbeiter, Zulieferer – sind gleichermaßen zu berücksichtigen. Eine Fusion bedeutet für sie zunächst automatisch eine Verunsicherung. Daher kommt der Kommunikation mit den Stakeholdern eine überragende Rolle zu.
- Es sind Alternativen zu einer Übernahme prüfen. Dazu gehört nicht nur das Wachstum aus eigener Kraft. Auch eine Kooperation oder eine Minderheitsbeteiligung können zu ähnlichen Erfolgen wie eine Übernahme führen – bei wesentlich geringerem Risiko.

Basisstrategien für Wachstumsprozesse

Die genannten Grundmuster – internes und externes Wachstum, erweitert um virtuelle Wachstumspotenziale – stecken den Rahmen ab, innerhalb dessen jedes Unternehmen seine individuelle Wachstumsstrategie definieren muss. Auf Grund unserer Erfahrung aus zahlreichen Beratungsprojekten und der Erkenntnisse unserer weltweiten Untersuchungen konnten wir sechs Basisstrategien für Wachstumsprozesse identifizieren, die die führenden Unternehmen der Welt einsetzen.

Wachstum durch verbesserte Durchdringung von Märkten und Kundengruppen

Diese Wachstumsstrategie bewegt sich im Rahmen des bestehenden Geschäftssystems bzw. Leistungsprogramms. Die hier üblichen Maßnahmen dafür sind zum Beispiel Branding oder Veränderungen im Marketing (Line Extension, Relaunches, Markenprofilierung), Einführung und intelligente Nutzung von CRM-Systemen, Verbesserungen der Vertriebsorganisation usw.

Mit solchen Maßnahmen lässt sich aber in der Regel nur die Marktposition sichern, bestenfalls ist ein schwacher Zugewinn von Marktanteilen zu erreichen. Deshalb wird das Wachstum, das durch Anwendung dieser Basisstrategie erreichbar ist, normalerweise nur inkrementell bleiben. Anders liegt der Fall dann, wenn es einem Anbieter gelingt, bestehende Spielregeln zu seinen Gunsten zu verändern – zum Beispiel, indem er neue Standards setzt, Zusatzangebote schafft oder neue Geschäftsmodelle entwickelt.

So gelang es dem griechischen Mobilfunkanbieter Cosmote als „Third Mover" innerhalb kurzer Zeit die Marktführung zu erobern, indem er Angebote für den Massenmarkt entwickelte. Bis zum Markteintritt von Cosmote galt Mobilfunk in Griechenland als Geschäftskundenprodukt. Den Markt umgekrempelt haben auch die Low-Cost-Carrier, wie Ryanair, easyJet oder hlx.

Wachstum durch Innovation

Bei dieser Strategie soll das Wachstum durch die Entwicklung und Einführung neuer Produkte generiert werden. Soweit es sich bei einer Innovation um eine Eigenentwicklung des Unternehmens handelt, kommt es entscheidend darauf an, den so genannten 3-S-Prozess zu beherrschen (siehe Abbildung 8): Zunächst zählt die Geschwindigkeit, mit der die Innovation auf den Markt kommt (speed). Je schneller, desto mehr First-Mover-Vorteile lassen sich erzielen. Diese dienen dazu, signifikante Marktanteile zu gewinnen (share), die dann wiederum in Skalenvorteile investiert werden (scale). In letzter Zeit zeichnet sich hier eine neue Wachstumsstrategie ab: Statt Innovationen in Eigenregie innerhalb des Unternehmens zu entwickeln, werden vor allem in den Branchen Software und Biotechnologie zunehmend marktreife Innovationen eingekauft.

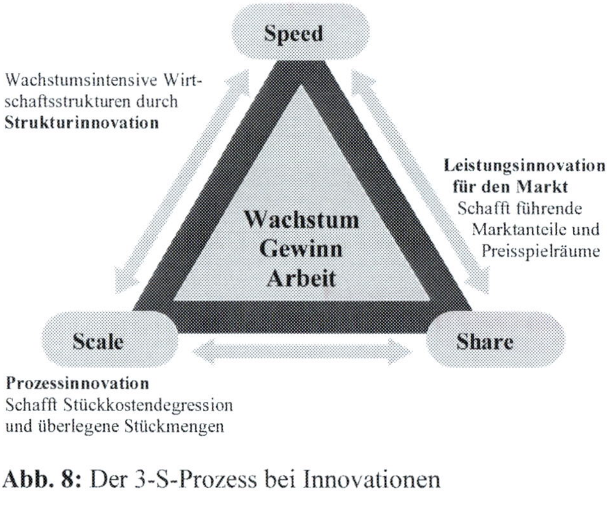

Abb. 8: Der 3-S-Prozess bei Innovationen

Ein besonders erfolgreiches Beispiel für überragende Innovationsleistung und ausgeprägte Kundenorientierung ist Apple, das bei seinen Computern ebenso wie bei seinen übrigen Produkten (wie dem Abspielgerät iPod) erfolgreich auf innovative Technik und innovatives Design setzt. Nestlé erschließt sich im Nahrungsmittelbereich durch Innovationen neues Wachstumspotenzial, beispielsweise im Bereich gesundheitsfördernder Nahrungsmittel.

Wachstum durch Globalisierung

Diese Strategie beruht darauf, dass ein Unternehmen die Wachstumsbeschränkungen seiner angestammten Märkte überwindet und seine Aktivitäten internationalisiert. Die Motive, eine Globalisierungsstrategie einzuschlagen, können je nach der individuellen Situation des Unternehmens unterschiedlich sein: Manche Unternehmen gehen diesen Schritt, weil sie als Zulieferer ihrem Kunden folgen, der eine neue Produktionsstätte im Ausland errichtet. Andere Unternehmen wollen selbst neue Kunden in Volumen- und Wachstumsmärkten gewinnen. Manche Unternehmen streben nach Stückkostenvorteilen, indem sie die unterschiedlichen Kosten auf den Güter- und Faktormärkten einzelner Standorte nutzen oder ihre logistische Position verbessern. Einige Unternehmen wollen auch Zugang zu internationalem Know-how gewinnen, um auf diese Weise Innovationsvorsprünge zu realisieren.

Beispiele für ein erfolgreiches Wachstum auf Grund von Globalisierung sind Carrefour, das führende Unternehmen im europäischen Einzelhandel, und Citigroup, die einzige global erfolgreiche Retailbank. Vodafone stieg mit einer langfristig angelegten weltweiten Expansionsstrategie zum einzig wirklich global tätigen Mobilfunknetzbetreiber auf.

Wachstum durch Fokussierung des Portfolios und Konzentration auf Kernkompetenzen

Diese Strategie kennt zwei Ausprägungen: Unternehmen beschränken sich auf jene Segmente, in denen sie das Potenzial zum Marktführer aufweisen – von den übrigen Divisionen trennen sie sich. Alternativ oder in Ergänzung dazu konzentrieren sie sich auf jene Wertschöpfungsstufen, in denen sie eine überlegene Position einnehmen – sie betreiben also vertikale Desintegration. In beiden Fällen setzen Unternehmen dabei ihre Spezialisierungs- und Erfahrungsvorteile so ein, dass daraus überlegene Stückkostenpositionen und Margen resultieren. Hinzu kommt eine überaus willkommene Begleiterscheinung einer Portfoliobereinigung: Die Desinvestition setzt Mittel frei, die wiederum zur Finanzierung von weiterem Wachstum verwendet werden können. Auf diesen Zusammenhang gehen wir detailliert im Kapitel zur Wachstumsfinanzierung ein.

RWE und E.on haben ihr Portfolio konsequent auf das Multi-Utility-Geschäft mit internationaler Ausrichtung fokussiert. Randbereiche wie die Telekommunikation wurden abgestoßen. Flextronics konnte als Outsourcing-Partner der Chipproduktion von Hardwareproduzenten seinen Umsatz binnen sieben Jahren verhundertfachen. Porsche weist von allen Automobilproduzenten die geringste Wertschöpfungstiefe auf und konnte dadurch ein Maximum an Gewinn erzielen.

Wachstum durch aktive Marktbereinigung

Diese Strategie verfolgt das Ziel, den Markt durch Fusionen und Übernahmen zu konsolidieren und so Kostenvorteile durch Wachstum auszuschöpfen. Der zu

Grunde liegende Zusammenhang ist klar: Die Marktbereinigung ist die Basis für den Abbau von Kapazitätsüberhängen, die dadurch verbesserte Auslastung optimiert die Kosten von Produkten und Dienstleistungsangeboten. Auslöser dafür ist nicht nur die Sättigung in vielen großen Branchen, sondern auch externe Faktoren wie die politisch forcierte Öffnung und Deregulierung von Märkten oder der schnelle Fortschritt insbesondere in Zukunftstechnologien. Outperformer mischen in diesem Spiel ganz vorne mit und können von dieser Basis aus überlegen wachsen. Total Fina Elf ist durch erfolgreiche M&A-Strategie als einzige kontinentaleuropäische Firma in die angelsächsisch dominierte Spitzengruppe der Ölproduzenten vorgestoßen. Volkswagen hat europäische Konkurrenten wie Seat und Skoda aufgekauft und so zu einer Marktbereinigung beigetragen.

Wachstum durch Netzwerkbildung

Bei dieser Strategie werden komparative Vorteile angestrebt, durch die bestehende Märkte besser bedient (Angebotsverbesserung, Innovation) oder neue Kunden erobert werden können. Das Spielfeld für diese Strategie ist von beachtlicher Größe – einige Beispiele:

- Kooperation in Forschung und Entwicklung (häufig beispielsweise in der Automobil- und der Pharmabranche),
- Definition gemeinsamer Standards, die Markteintrittsbarrieren schaffen (oft in technikorientierten Segmenten wie Informationstechnologien, Telekommunikation, Consumer Electronics, Multimedia usw.),
- die Einbindung von externen Dienstleistern als Ergänzung zum Produktangebot oder die Integration eines „Alles-aus-einer-Hand"-Angebots am Frontend mit mehreren Partnern im Hintergrund
- oder die Zusammenführung von Kundenbasen und Bedienung mit gemeinsamen Angeboten (Bonus- und Einkaufprogramme).

Gerade in den rasant wachsenden, wissensintensiven Märkten der letzten Dekade (Informationstechnologien, Biotechnologie und -pharmazie, Hochtechnologieanwendungen etc.), bei denen sehr spezifische Kenntnisse (nicht nur in technischer Hinsicht, sondern auch in Bezug auf die Endkunden) verbunden werden mussten, war die Netzwerkbildung entlang der Wertschöpfungskette der zentrale Wachstumstreiber. So hat SAP rund um seine Softwareanwendungen ein einzigartiges Netzwerk von Dienstleistungspartnern geschaffen und kann so seine Marktführerschaft absichern.

Aber auch in traditionellen Sektoren sind Netzwerke entstanden. Das Beispiel der Star Alliance zeigt, wie eine Kooperation die Vermarktungs- und Ertragskraft der Partner erhöhen kann, wenn die Kunden im Mittelpunkt der Anstrengungen aller Beteiligten stehen. Mit großem Erfolg wurden ein gemeinsames Streckennetz geschaffen, einheitliche Servicestandards definiert und die Kundenbindung zusammengeführt. Über Synergieeffekte konnten die einzelnen Airlines ihre Kosten optimieren. Und auch das Branding profitierte von der Vernetzung: Mittlerweile ist die Star Alliance eine global etablierte Marke.

Duale Wirkung der Wachstumsstrategien

Wir haben oben festgestellt, dass erfolgreiches Wachstum heute nur dann möglich ist, wenn die Kosten- und Prozessseite eines Unternehmens parallel dazu laufend optimiert wird: Das sukzessive Vorgehen – erst restrukturieren, dann wachsen – funktioniert heute angesichts schneller gewordener Märkte, gestiegener Investorenerwartungen und gewachsener Transparenz nicht mehr. Umso wichtiger ist es, dass eine gewählte Strategie(kombination) das Expansions- und das Excellence-Ziel gleichzeitig realisiert. Beide Ziele verbindet ein Junktim – sie parallel zu verfolgen, ist der einzige Weg, der mittel- und langfristig zu unternehmerischem Erfolg führt. Ein Ziel isoliert zu betrachten und anzugehen, bringt allenfalls kurzfristigen Erfolg.

Die Wachstumsanstrengungen eines Unternehmens müssen daher permanent von Maßnahmen zur Effizienzsteigerung begleitet werden. Genau hier greifen die eben vorgestellten sechs Basisstrategien (siehe Abbildung 9) – dies jedenfalls beweisen die Outperformer unserer Studie, die offensichtlich den Kunstgriff beherrschen, eine duale Strategie zu fahren. Dadurch heben sie sich mit herausragenden Ergebnissen von der Konkurrenz ab.

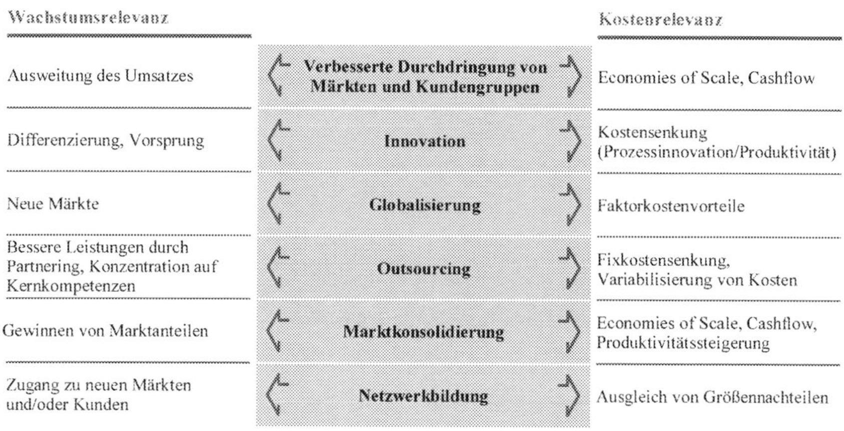

Abb. 9: Auswirkungen der Basisstrategien auf das Wachstum und auf die Kosten

Wie die Basisstrategien konkret in beide Richtungen – Wachstum und Effizienzsteigerung – wirken können, sei an einigen Beispielen aufgezeigt:

- Die wachstumsorientierte Maßnahme der besseren *Marktdurchdringung* bekommt dann eine kostenwirksame Komponente, wenn sie als Hebel benutzt wird, um beispielsweise die Vertriebsorganisation effizienter zu gestalten oder wenn sie Kostenoptimierungen anstrebt, um Pricing-Maßnahmen durchzuführen.

- *Innovation* hat ihre wachstumsrelevante Seite in der Differenzierung und im möglichen Vorsprung vor dem Wettbewerb; dies betrifft auch den Aspekt neuer Geschäftsmodelle, die mit einer optimierten Kundenansprache für Expansion sorgen. Kostenwirksam wird Innovation dort, wo durch Prozessinnovation oder technologischen Fortschritt die operative Leistungsfähigkeit verbessert wird.

- Durch die Vorgehensweise *Globalisierung* lassen sich einerseits weltweit Faktorkostenvorteile ausnutzen, wodurch sich die Wettbewerbsposition auf der Kostenseite verbessert, zum Beispiel durch Global Sourcing, globale Fertigungskonfigurationen oder die kosteninduzierte Schließung inländischer Standorte. Dies fördert die operative *excellence*, die von zentraler Bedeutung bei der Generierung von Cashflow ist. Andererseits legt Globalisierung die Grundlage für Expansion, da sie neue Märkte erschließt und damit ein hohes Wachstumspotenzial bietet.

- Die aktive *Marktbereinigung durch Fusionen und Übernahmen* verbessert zum einen die Kosten- und Margenposition. Zum anderen gestattet sie es, mit gewonnener Position zu wachsen und den zusätzlich geschaffenen Cashflow in die Verbesserung der eigenen Wachstumsfähigkeit zu investieren.

- Wie oben bereits dargestellt, sind *Netzwerke* eine sehr wirksame Strategie, um Wachstumsdefizite beim Kundenzugang oder beim Know-how zu minimieren. Werden sie richtig aufgesetzt, gleichen sie zudem die Nachteile einer geringen Größe aus und wirken damit auch kostenseitig.

- Auch Maßnahmen, die eigentlich primär der Kostensenkung dienen, können strategische Relevanz für das Wachstum erlangen, etwa die *Fokussierung des Portfolios*: Hier wird Cashflow freigesetzt, indem Aktivitäten abgestoßen werden, die nicht zum Kerngeschäft gehören. Dies führt zu einer Verbesserung der Produktivität. Das auf diese Weise gewonnene Kapital kann in Wachstumsfelder investiert oder für den Ausbau der Aktivitäten im Kerngeschäft verwendet werden.

Ob die genannten Maßnahmen in beide Richtungen wirken – nämlich Kosten senken und die Expansion fördern –, hängt freilich ganz entscheidend vom richtigen Timing ab. Wenn eine Restrukturierung dringend geboten ist, weil sich das Unternehmen bereits in einer Ergebniskrise befindet, stehen die durch Kostensenkung gewonnenen Mittel nicht für Wachstumsinvestitionen zur Verfügung. Die freigesetzten Potenziale dienen dann dazu, Verpflichtungen aus der Vergangenheit (Kredite etc.) zu bedienen; sie schaffen also keine Wachstumsperspektive. Das Überleben des Unternehmens sowie seine Profitabilität sind in diesem Fall zwar kurzfristig gesichert, doch muss die (wieder gewonnene) Profitabilität erst kumuliert werden, um genügend Cashflow für Zukunftsinvestitionen zu schaffen. Bestenfalls bedeutet dies einen Zeitverlust, schlechtestenfalls kommt es zu einer Downsizing-Spirale, aus der das Unternehmen nicht mehr herauskommt.

Die einzige, auf Dauer erfolgversprechende Strategie besteht daher darin, durch ständige (Kosten-) Optimierung genügend freien Cashflow zu produzieren, um Wachstumsfelder zu erschließen. Effizienzsteigerung und Expansion müssen gleichzeitig erfolgen. Entscheidend ist deshalb die richtige Kombination aus kostensenkenden und wachstumsfördernden Maßnahmen.

2. Die Fesseln des Wachstums sprengen – Größen- und Verbundvorteile nutzen

Auf einen Blick:
Es gehört zu den Basics des Managementwissens, dass Wachstum belohnt wird, und zwar in Form von Größen- und Verbundvorteilen (Economies of Scale and Scope). Allerdings kann Wachstum auch deren Gegenspieler auf den Plan rufen – diese Diseconomies können sich als wahre Bremsklötze für den Wachstumsprozess erweisen. Dieses Phänomen der Größen- und Verbundnachteile zu verhindern oder zumindest deren destruktives Potenzial zu begrenzen, muss in der Agenda des Managements ganz oben stehen. Dazu gehört, die Gefahr der Diseconomies bereits bei der Planung von Wachstumsprozessen zu erkennen und entsprechend gegenzusteuern. Dies fällt heute leichter als früher, denn die Transaktionskosten – die eine Schlüsselrolle bei der Entstehung von Größennachteilen spielen – zeigen eine deutlich fallende Tendenz. Dieser Trend eröffnet Unternehmen neue, große Chancen, sich der Wachstumsfessel der Diseconomies zu entledigen und beim Nutzen der Vorteile aus dem Vollen zu schöpfen.

Sinkende Transaktionskosten schaffen neue Größenvorteile

Größen- und Verbundvorteile (Economies of Scale and Scope) sind das Ergebnis von Wachstum – wohlgemerkt von richtig angegangenem, das heißt gut gemanagtem Wachstum. Sie sind gewissermaßen die Belohnung, denn sie stellen nichts anderes als Effizienzgewinne dar, die einem Unternehmen nur dann eine zusätzliche Verbesserung von operativer Leistungsfähigkeit und Effizienz gegenüber dem Status quo ermöglichen, wenn es eine bestimmte (geschäftsabhängige) kritische Größe erreicht.

Größen- und Verbundvorteile zu erzielen, setzt gleichzeitig Energien für weiteres Unternehmenswachstum frei. Sie erzeugen eine verbesserte Basis, auf der sich zusätzliche freie Cashflows generieren lassen, die dann wiederum in weiteres Wachstum und eine höhere operative Leistungsfähigkeit investiert werden können. Damit sind Größen- und Verbundvorteile Treiber des Wachstumsalgorithmus und Basis der Parallelstrategie aus Wachstum und Kostensenkung.

Allerdings lässt sich der soeben beschriebene Mechanismus nicht bis ins Unendliche fortsetzen: Wird eine bestimmte Betriebsgröße überschritten, wächst die Gefahr, dass die Größenvorteile von den so genannten Diseconomies of Scale aufgezehrt werden. Eine wesentliche Ursache dafür sind die Transaktionskosten, also die Aufwendungen für die Koordination wirtschaftlicher Aktivitäten. Darunter fallen per definitionem alle Kosten für die Anbahnung, Vereinbarung, Kontrolle und Anpassung wirtschaftlicher Transaktionen. Sie entstehen sowohl innerhalb eines Unternehmens als auch bei Geschäftsaktivitäten zwischen Marktpartnern. Zusammen mit den Produktionskosten ergeben sie die Gesamtkosten eines Gutes.

Bei der Betrachtung der Grenzen des rentablen Wachstums eines Unternehmens spielen die Transaktionskosten eine zentrale Rolle, da mit zunehmender Betriebsgröße der Koordinationsaufwand steigt, bis er ab einem bestimmten Punkt die Größenvorteile konterkariert. In diesem Zusammenhang ist es bemerkenswert, dass wir uns offensichtlich in einer Phase befinden, in der die Transaktionskosten sukzessive abnehmen, was durch eine Reihe von Indikatoren belegt wird (siehe Abbildung 10):

- Die Kosten für Information und Kommunikation sind stark zurückgegangen und gleichzeitig hat die Leistungsfähigkeit von Hard- und Software enorm zugenommen. Der massive Ausbau der Infrastrukturen und der Wettbewerb nach Öffnung der Telekommunikationsmärkte sorgen für stark sinkende Preise. Die Standardisierung von Diensten sowie von Hard- und Software reduziert Schnittstellenprobleme, ermöglicht Netzeffekte und senkt damit die Kosten.
- Logistikkosten – zum Beispiel für Luft- und Seefracht – haben in den vergangenen Jahren stark abgenommen.
- Multinationale Handelsabkommen – beispielsweise GATT und WTO – sowie die Vergrößerung gemeinsamer Wirtschaftsräume wie der EU sorgen für eine Senkung von Zöllen und den Abbau nichttarifärer Handelshemmnisse.

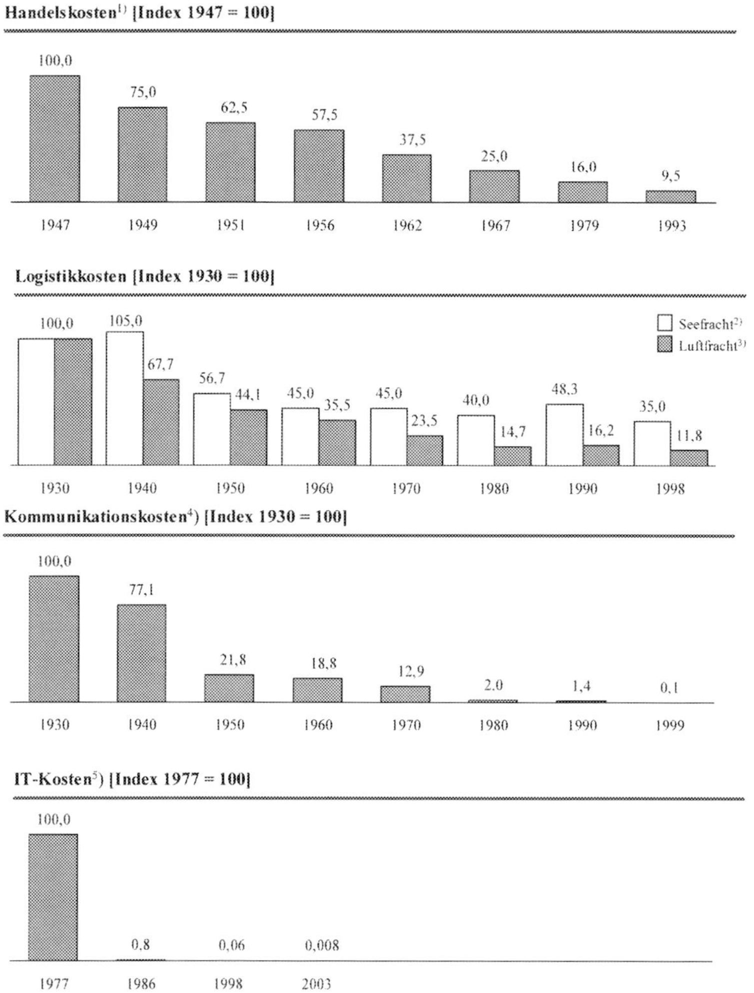

1)Durchschnittlicher Zollsatz im GATT
2)Durchschnittliche Seetransportkosten und Hafengebühren für Import- und Exportfracht pro short ton
3)Durchschnittlicher Lufttransportumsatz pro Passagier und Meile
4)Kosten für ein dreiminütiges Telefongespräch von New York nach London
5)Kosten für 1 Gigabyte RAM

Abb. 10: Entwicklung von Transaktionskosten (Quelle: HWWA, TimesTen)

Diese Entwicklung macht es möglich, dass Unternehmen heute in völlig neue Größendimensionen vorstoßen und dabei Größen- und Verbundvorteile weitaus besser ausschöpfen können, als dies früher der Fall war. Dieser Zusammenhang ist in Abbildung 11 dargestellt. Dort ist auf beiden Bildern zu sehen, dass bei den Produktionskosten die positiven Skaleneffekte in der Regel realisiert werden, d.h., die durchschnittlichen Produktionskosten sinken, wenn das Produktionsvolumen steigt, was insbesondere durch die Fixkostendegression bewirkt wird. Die Transaktionskosten stiegen dagegen in der Vergangenheit überproportional mit der Ausbringungsmenge, wie auf dem linken Bild zu sehen ist. Die optimale Betriebsgröße ist dann erreicht, wenn die Stückkosten – die Summe aus durchschnittlichen Produktionskosten und durchschnittlichen Transaktionskosten – auf ihr Minimum gefallen sind. Sinken nun die Transaktionskosten – wie wir es empirisch beobachten –, wird das Minimum der Stückkosten bei einer größeren Ausbringungsmenge erreicht: Die optimale Betriebsgröße verschiebt sich nach rechts, was auf dem rechten Bild zu sehen ist.

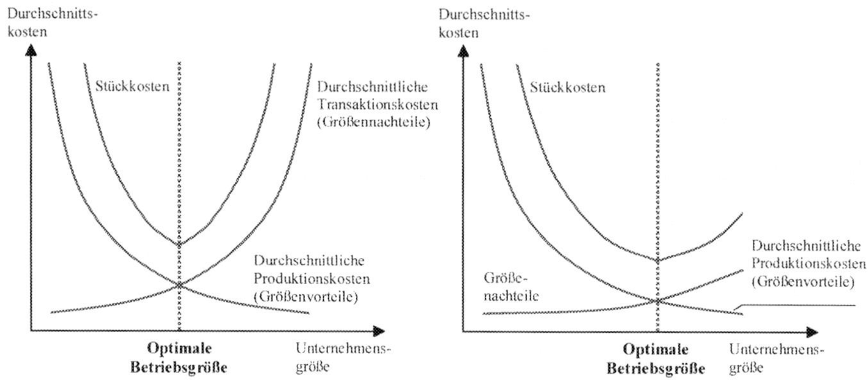

Abb. 11: Verschiebung des optimalen Kostenpunkts durch Senkung von Größennachteilen

Wenn Unternehmen heute also auf Grund gesunkener Transaktionskosten größer werden können, erlangen Größenvorteile eine neue, wachsende Bedeutung. Betriebswirtschaftlich spricht man von Größenvorteilen oder Skaleneffekten (Economies of Scale), wenn die Stückkosten bei wachsendem Output sinken. Skaleneffekte lassen sich – dies zählt noch zum Grundwissen aus den ersten Semestern eines angehenden Managers – beispielsweise erzielen, indem Maschinen besser ausgelastet, Preisnachlässe bei großen Beschaffungsmengen genutzt oder günstigere Kreditbedingungen auf Grund der Größe des Unternehmens gewährt werden. Externe Skaleneffekte treten dort auf, wo Unternehmen von der räumlichen Konzentration der Industrie bzw. der Bevölkerung profitieren. Dort haben sie zum Beispiel Zugang zu zahlreichen Lieferanten, Kooperationspartnern und potenziellen neuen Mitarbeitern und können das größere Angebot staatlicher Infrastruktur wie Straßen, Universitäten und Schulen nutzen. Ebenso kommt es zu Verbundvorteilen (Economies of Scope), wenn die gemeinsame Produktion zweier unterschiedlicher Güter kostengünstiger ist als ihre separate Produktion. Solche Synergieeffekte ergeben sich häufig aus der gemeinsamen Nutzung zentralisierter Funktionen oder bei der Nutzung derselben Maschinenplattformen in der Produktion.

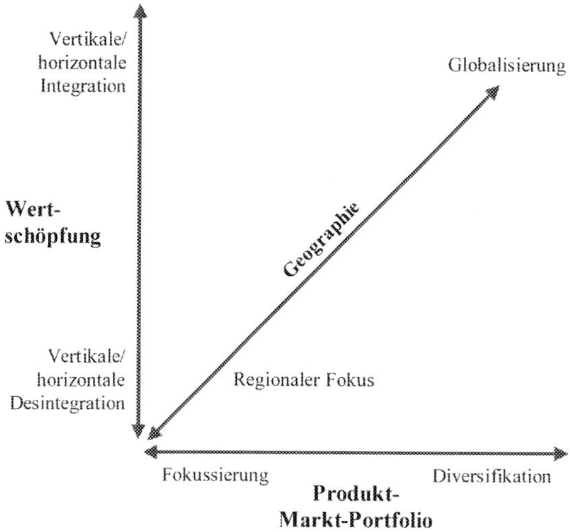

Abb. 12: Dimensionen, innerhalb derer Größen- und Verbundvorteile erzielt werden können

Das Wissen um die dargestellten Zusammenhänge gehört zu den in einschlägigen Lehrbüchern dargestellten Management-Basics. Die Analyse der unternehmerischen Realität indes zeigt, dass das Problem offenbar mit der Umsetzung beginnt: Auch in einer Welt, in der prinzipiell jedes Unternehmen denselben Zugang zum aktuellen Managementwissen hat, weisen die Kostenstrukturen vergleichbarer Unternehmen erhebliche Unterschiede auf. Das interne Zusammenspiel der Organisation, die Qualität und die Geschwindigkeit von Entscheidungsprozessen, die Ehrlichkeit im Benchmark und gegenüber sich selbst – an solchen Punkten entscheidet sich, ob bzw. wie aus theoretischem Wissen Erfolgspraxis wird. Insofern sind unsere nachstehenden Überlegungen auch eher unter dem Blickwinkel zu verstehen, dass sie das Feld der unabdingbaren Analyseaspekte aufzeigen. Eben weil es nicht so ist, dass Größen- und Verbundvorteile „aus dem Nichts" entstehen, müssen drei Dimensionen eingehend betrachtet werden, um sie bestmöglich zu realisieren (siehe Abbildung 12):

- Die Tiefe der Wertschöpfung: integrieren versus desintegrieren,
- die regionale Ausrichtung: konzentrieren versus expandieren,
- das Produkt-Markt-Portfolio: fokussieren versus diversifizieren.

Den Grad der vertikalen und horizontalen Integration festlegen

Prinzipiell lassen sich Größen- und Verbundvorteile auf jeder Stufe des Wertschöpfungsprozesses realisieren; gerade in einer Phase, in der die so genannte „Dekonstruktion" von Wertschöpfungsketten – also die auf Optimierung ausgerichtete völlige Zerlegung und Neugestaltung, verteilt auf interne Einheiten und externe Partner sowie unter Einschluss globaler Auswahlmöglichkeiten – einfacher ist als jemals zuvor. Auf diesem Weg können Unternehmen neu definieren, mit welcher Wertschöpfungskonfiguration sie die umfangreichsten Größen- bzw. Verbundvorteile erzielen können.

Am häufigsten anzutreffen ist das Bestreben von Unternehmen, Skaleneffekte in der bestehenden Wertschöpfungsstruktur zu erzielen. Diese Unternehmen versuchen, auf einer oder mehreren Wertschöpfungsstufen deutlich an Größe zu gewinnen. Externes Wachstum von Unternehmen ist daher in den letzten Jahren auch zumeist auf die Akquisition bzw. Integration von Unternehmen ausgerichtet, die auf den gleichen Wertschöpfungsstufen aktiv sind (so genannte horizontale Integration).

Bei einer vertikalen Integration hingegen wird die Wertschöpfungskette eines Unternehmens verlängert, indem vor- oder nachgelagerte Wertschöpfungsstufen hinzugenommen werden. Dies dient zunächst häufig der Sicherung von Lieferquellen oder Absatzkanälen. Außerdem können Verbundvorteile zum Beispiel dadurch entstehen, dass die neuen Wertschöpfungsaktivitäten auf die bereits vorhandenen administrativen Einheiten zugreifen und sich deren fixe Kosten so breiter verteilen.

Die Leistungsfähigkeit der heutigen Informations- und Kommunikationstechnologie erlaubt aber nicht nur das Größenwachstum innerhalb von Unternehmen. Sie können heute auch Leistungen auslagern, ohne die Kontrolle über ihre Wertschöpfungskette zu verlieren. Leistungsfähige Outsourcing-Anbieter oder Netzwerkpartner können ihrerseits Größenvorteile erzielen, die für das eigene Unternehmen kaum erreichbar sind. So kann ein großer Partner innerhalb eines Netzwerkes administrative Bereiche bündeln und die kleinen Partner von der Administration entlasten. Vertikale oder horizontale Desintegration bedeuten also keineswegs Verzicht auf Skalen- oder Verbundeffekte, sondern bieten die Chance zur Partizipation an Größenvorteilen Dritter.

Die regionale Ausdehnung der Tätigkeit bestimmen

Häufig stehen die beiden Ziele „niedrige Transaktionskosten" und „Wachstum durch regionale Expansion" im Gegensatz zueinander:

- Die Beschränkung der Geschäftstätigkeit auf eine Region hält die Komplexität – und damit die Gefahr von Größennachteilen – in Grenzen. Allerdings begrenzt eine starke regionale Konzentration der Aktivitäten das Wachstumspotenzial. Und damit schränkt sie auch die umfassende Ausschöpfung positiver Skalen- und Verbundeffekte ein, wie zum Beispiel die Ausnutzung von Mengenvorteilen auf der Beschaffungsseite.

- Bei einer geographischen Expansion hingegen steigt zwar tendenziell das Risiko, dass Größen- und Verbundvorteile durch hohe Komplexitätskosten aufgesogen werden. Andererseits können Expansion oder gar Globalisierung einen erheblichen Beitrag zur Effizienzsteigerung leisten. Wenn Unternehmen ihre Aktivitäten globalisieren, erschließen sie sich weltweit Absatzmärkte und neue Kunden. Sie können dadurch auch ihre Wertschöpfungskette optimieren: etwa durch Global Sourcing, durch globalen Markenaufbau, durch Fertigung an Standorten mit günstigen Kostenstrukturen, aber auch, indem sie ihre Entwicklungsabteilungen dort ansiedeln, wo sie die beste Wissensinfrastruktur erwarten.

Die Expansionsstrategie muss eine Balance finden zwischen den Kosten und Komplexitäten, die durch sie selbst ausgelöst werden einerseits, und den Größen- wie auch den Wachstumsvorteilen, die sie potenziell anbietet, andererseits. Üblicherweise ist eine Expansion zudem stark risikobehaftet. Ein Wachstumsszenario muss deshalb auch einkalkulieren, dass man partiell oder vollständig scheitert. Wesentlich ist es aber, Absatz- und Produktionsperspektiven heute im Verbund zu betrachten: Die globale Expansion bietet die Chance, über die reine Ausweitung des Vertriebs hinaus neue Kostenpositionen zu gewinnen.

Das Produkt-Markt-Portfolio optimieren

Die dritte Dimension, in der Größen- und Verbundvorteile erzielt werden können, ist das Produkt-Markt-Portfolio. Ansoff hat die vier strategischen Stoßrichtungen zur Erschließung von Wachstumspotenzialen anhand seiner Matrix abgeleitet (siehe Abbildung 13).

MÄRKTE / PRODUKTE	Gegenwärtig	Neu
Gegenwärtig	Marktdurch-dringung	Markt-entwicklung
Neu	Produkt-entwicklung	Diversi-fikation

Abb. 13: Die Produkt-Markt-Matrix von Ansoff

Die Dimensionen seiner Matrix sind einmal die Produkte, die ein Unternehmen anbietet, und zum anderen die Märkte, auf denen es agiert. Bei beiden Dimensionen unterscheidet er zwischen den Ausprägungen alt (gegenwärtig) und neu. Wie man sieht, lassen sich mit allen vier aus der Matrix abgeleiteten Strategien positive Skalen- und Synergieeffekte erzielen:

- Bestehendes Produkt, bestehender Markt: Hier geht es darum, aus dem bestehenden Geschäftssystem bzw. Leistungsprogramm Wachstum und damit Größen- und Verbundvorteile zu erzeugen. Typische Hebel sind im operativen Bereich neue Branding- und Marketingmaßnahmen (zum Beispiel Relaunches, Markenprofilierung), Pricing-Maßnahmen, die Einführung von CRM-Systemen, die Optimierung der bestehenden Produkte und Leistungen, die Verbesserung der Vertriebsorganisation oder Sales-up-Programme. Strategisch geht es darum, neue Spielregeln einzuführen, Märkte durch M&A zu konsolidieren oder Netzwerke und Kooperationen aufzubauen. Ziel ist eine bessere Markt- und Kundendurchdringung. Angesichts weitgehend gesättigter Märkte mit hoher Wettbewerbsintensität sind hier allerdings – mit Ausnahme von M&A – im Wesentlichen nur inkrementelle Wachstumsentwicklungen zu erwarten. Die Ausnutzung von Größen- und Verbundvorteilen bleibt daher limitiert.

- Bestehendes Produkt, neuer Markt: Hier geht es um die Ausweitung bestehender Produkt- und Leistungsprogramme auf neue Märkte, d.h. für neue Kundengruppen. Im Vordergrund steht die Globalisierung der Geschäfte. Dies geschieht operativ durch den Aufbau von Stützpunkten, den Ausbau der Vertriebsorganisation und das Eingehen von Kooperationen. Strategisch lassen sich neue Märkte insbesondere durch M&A erobern. Die Maßnahmen zur Marktentwicklung überschneiden sich also in hohem Maße mit den Maßnahmen zur Marktdurchdringung. Die Wachstumsmöglichkeiten sind jedoch ungleich höher – Skalen- und Verbundvorteile lassen sich in größerem Maße realisieren.

- Neues Produkt, bestehender Markt: Das ist das klassische Feld der Produktinnovation, das heißt, das Wachstum erfolgt durch die Entwicklung und Einführung neuer Produkte. Die entscheidende Fähigkeit hier liegt in der Beherrschung des 3-S-Prozesses, das bedeutet schnelle Markteinführung, durch intelligentes Pricing und Marketing schnell signifikante Marktanteile gewinnen und damit schneller als andere Skalenvorteile realisieren (siehe dazu auch S. 30 in Kapitel 1).

- Neues Produkt, neuer Markt: Hier geht es um die (klassische) Diversifikation: Das Unternehmenswachstum wird durch den Aufbau neuer Leistungsbereiche erzielt, die nicht in unmittelbarem Zusammenhang mit dem bestehenden Leistungsprogramm stehen. Geeignete Hebel sind zum Beispiel der Aufbau neuer Bereiche aus eigener Kraft, das Eingehen von Joint Ventures, beispielsweise mit Venture-Capital-Firmen oder der Kauf von Unternehmen. Diese Hebel können sowohl operativ als auch strategisch motiviert sein. Die Diversifikation bietet große Wachstumsmöglichkeiten, ist allerdings auch risikobehaftet, denn Synergien zum Kerngeschäft sind bei der Diversifikation per definitionem begrenzt. Sie können aber bei gleichen strategischen bzw. unternehmerischen Fähigkeiten auftreten.

Zum Abschluss dieses Abschnitts bleibt festzuhalten: Unternehmen können Größen- und Verbundvorteile im gesamten Raum erzielen, der von den drei dargestellten Dimensionen aufgespannt wird – entlang der Wertschöpfungskette, durch die Wahl zwischen regionaler Konzentration und Expansion sowie durch die Alternativen Fokussierung und Diversifizierung. Welchen Ort sie in diesem Koordinatensystem einnehmen, hängt zum einen von ihren spezifischen Ressourcen und Fähigkeiten ab, zum anderen von den Bedingungen des Umfelds, in dem sie agieren. Und natürlich muss diese Position nicht statisch sein: Es ist stets zu prüfen, wo sich die größten Wachstumschancen ergeben und wie sie genutzt werden können.

Diseconomies of Scale and Scope als potenzielle Wachstumsbremse

Größen- und Verbundvorteile sind, das haben wir bereits festgestellt, keine Selbstläufer, die sich automatisch einstellen. Sie wollen durch aktives Management sowohl auf der strategischen wie auch der operativen Seite identifiziert und gehoben werden. In der unternehmerischen Praxis müssen sie zudem gegen einen anderen Begleiter des Wachstums durchgesetzt werden, nämlich gegen das Phänomen der Diseconomies of Scale and Scope, also jene Nachteile, die aus dem Wachstumsprozess heraus entstehen. Oft genug erleben Unternehmen, dass das Kernproblem nicht ist, wie man die Wachstumsprämie in Form von Größen-. und Verbundvorteilen erzielt – hierfür gibt es häufig auf Erfahrung basierende Managementkonzepte –, sondern dass die Kontrolle und Reduzierung von Wachstumsnachteilen die Kapazitäten des Managements aufzehren.

Größennachteile lassen sich auf allen Stufen der Wertschöpfungskette einschließlich der unterstützenden Aktivitäten (wie zum Beispiel Finanzierung, Rechnungswesen, Controlling und Personalwesen) beobachten. Von solchen negativen Skaleneffekten spricht man, wenn die Stückkosten bei wachsendem Output steigen. Das ist zum Beispiel dann der Fall, wenn Maschinen über ihr Betriebsoptimum hinaus betrieben werden (interne Größennachteile) oder wenn die oben angesprochene räumliche Konzentration zu übermäßiger Belastung der Infrastruktur führt (externe Größennachteile). Interne Größennachteile werden durch die erhöhte Komplexität großer Organisationen verursacht. Verbundnachteile können vor allem dann entstehen, wenn die Kulturen fusionierter Unternehmen nicht zueinander passen. So wird geschätzt, dass mehr als die Hälfte aller Fusionen die angestrebten Wachstums- und Effizienzsteigerungsziele nicht erreicht. Auch internes

Unternehmenswachstum kann zu derartigen Nachteilen führen, die die Vorteile aus Größe und Verbund wieder aufzehren oder ihre Entstehung behindern.

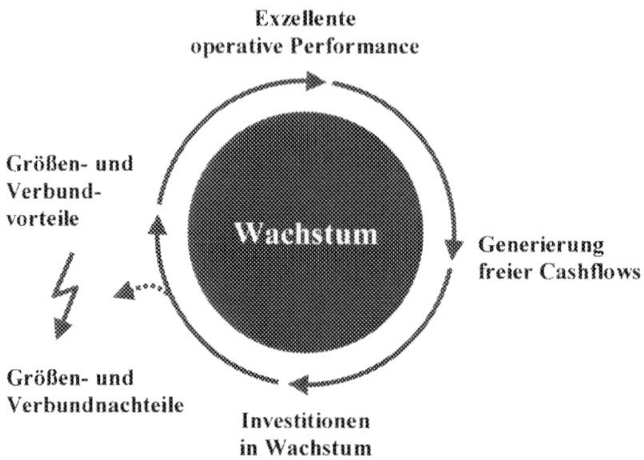

Abb. 14: Diseconomies of Scale als Störfaktoren des Wachstumsalgorithmus

Besonders kritisch ist, dass Größen- und Verbundnachteile das destruktive Potenzial in sich bergen, den angestrebten Wachstumskreislauf zu unterbrechen (siehe Abbildung 14). Wenn die Nachteile des Wachstums die Vorteile überwiegen, sind Unternehmen gezwungen, ihr Wachstum zu begrenzen. Damit bleiben positive Skalen- und Verbundeffekte unausgeschöpft, die Wachstumsprämie kann nicht vollständig genutzt und in die Steigerung der operativen *excellence* und weiteres Wachstum investiert werden.

Demzufolge liegt die besondere Herausforderung des Wachstumsmanagements für die Unternehmensführung darin, die Hebel so zu stellen, dass der Nutzen die Nachteile überwiegt. Eine Schlüsselrolle spielen dabei die Transaktionskosten, auf die wir bereits am Anfang des Abschnitts eingegangen sind. Hier sprechen alle Prognosen dafür, dass sich die Tendenz abnehmender Transaktionskosten fortsetzt. Dazu trägt ganz besonders die weiter voranschreitende Entwicklung der Informations- und Kommunikationstechnologien bei: stetig steigende Bandbreiten in allen Netzwerken, noch leistungsfähigere Datenverarbeitungs- und Speichersysteme, noch besser auf spezifische Aufgaben zugeschnittene Software.

Bereits heute sind es vor allem die Informations- und Kommunikationstechnologien, die dafür sorgen, dass Größen- und Verbundnachteile in Grenzen gehalten werden. Sie sind in der Lage, zusammenzuhalten, was organisatorisch so aufgegliedert und verzweigt sein kann, dass es den jeweiligen Markterfordernissen optimal gerecht wird. IT- und Telekommunikationssysteme stellen alle relevanten Daten rund um den Globus in Echtzeit zur Verfügung. Dies ist die Basis einer neuen Kommunikationskultur und veränderter Steuerungsmechanismen. Hochflexible ERP-Systeme ermöglichen, dass sich kurzfristig jede gewünschte Kombination von Performance-Indikatoren abrufen lässt. Intelligente, webbasierte Benchmarking-Systeme verbessern die Lernkurve der Organisation grundlegend. Leistungsstarke Wissensmanagementsysteme sorgen dafür, dass aufgebautes Wissen an jede Stelle des Unternehmens transferierbar ist und ohne zentrale Koordination Anwendung finden kann. Und schließlich ermöglichen Informations- und Kommunikationstechnologien, dass administrative Aufgaben an nahezu jedem Ort der Welt gebündelt und operativ erfüllt werden können.

Unternehmen haben ein enormes Potenzial, die Vorteile, die aus der Leistungssteigerung der IT-Systeme und den dadurch sinkenden Transaktionskosten resultieren, für beide Elemente der Doppelstrategie „Restrukturierung plus Wachstum" zu nutzen: Zum einen können sie ihre Effizienz deutlich steigern. Wenn die Transaktionskosten rund 50% bis 70% der Wertschöpfung ausmachen, wie Studien seriös nahe legen, dann bedeutet eine solche Halbierung, dass sich die Gesamtkosten um mindestens ein Viertel verringern. Zum anderen sinken sowohl die Kosten von Transaktionen innerhalb eines Unternehmens als auch die Kosten von Transaktionen zwischen Unternehmen. Unternehmen stehen daher heute alle Wachstumsmuster zur Verfügung:

- Intern kann ein Unternehmen wachsen, ohne dass es seine Steuerungsfähigkeit verliert – leistungsfähige IT-Komponenten vereinfachen die notwendigen Datenflüsse und kommunikativen Austauschprozesse.
- Externes Wachstum ist ebenfalls leichter möglich. Zwar gilt es bei Fusionen oder Akquisitionen häufig, unterschiedliche IT-Systeme zu verknüpfen, doch ist dies ein technisches Problem, das relativ leicht gelöst werden kann, etwa mit Hilfe von Systemintegratoren. Sind die IT- und Kommunikationsplattformen einmal vereinheitlicht oder angepasst, ist die Integration fusionierter oder übernommener Unternehmen deutlich einfacher als früher, als die Interaktionsmöglichkeiten zwischen Unternehmen wesentlich stärker eingeschränkt waren. Funktioniert die Kommunikation, lassen sich auch kulturelle Differenzen schneller überbrücken.
- Auch das Wachstum über Kooperationen, Allianzen und Netzwerke wird von einer hocheffizienten IT- und Telekommunikations-Infrastruktur sowie von kompatiblen Softwarelösungen begünstigt, denn gerade hier spielt der Informationsaustausch der Partner eine herausragende Rolle. Das Marktmodell gewinnt generell an Bedeutung, wenn wir die Situation heute mit der in den 60er und 70er Jahren des 20. Jahrhunderts vergleichen, als die Eigenerbringung dominierte.

Jedes Unternehmen muss bedenken, dass der Dreiklang aus technologischem Fortschritt, abnehmenden Logistikkosten und ordnungs- und wirtschaftspolitischen Initiativen das Optimum zwischen interner Erbringung und marktlichem Zukauf verändern kann. Ein Beispiel: Sinken die Koordinationskosten, weil durch den Einsatz von IuK-Techniken die Recherche nach geeigneten Anbietern einfacher wird – die Märkte also transparenter werden –, kann sich die Auslagerung von Wertschöpfungselementen lohnen, weil die Produktionskosten des Marktes oft niedriger sind als die internen Kosten bei Eigenerbringung: Externe Anbieter können die Nachfrage mehrerer Unternehmen bündeln und so größere Skaleneffekte erzielen als ein Unternehmen, das Vorprodukte selbst herstellt. Der Produktionskostenvorteil des Marktes kommt stärker zum Tragen, es kommt zur Verlagerung der Leistungserstellung aus dem Unternehmen Richtung Markt, also zu einer vertikalen Desintegration.

Natürlich ist bei der Diskussion um die Externalisierung von Wachstum auch das höhere Risiko zu bedenken. Unternehmen können dieses Risiko durch eine langfristig angelegte Kooperationsbeziehung mit externen Partnern reduzieren. Statt permanent nach dem optimalen Partner zu suchen, wird eine dauerhafte Bindung angestrebt. Hier ist allerdings abzuwägen, wie sich die abnehmenden Kosten für Sicherheit (sowie die längere Laufzeit der vorgenommenen Investitionen, die Voraussetzung für die Kooperation sind) und die Suchkosten nach günstigeren oder besseren Beziehungen zueinander verhalten. Langfristige externe Beziehungen haben ihre Vorteile, aber sie tendieren dazu, den entscheidenden Marktvorteil (mehr Wettbewerb und damit mehr Qualität und/oder bessere Preise) auszuhebeln. Wird am Ende Wachstum behindert, weil sich der externe Partner unflexibel zeigt, nimmt die Wettbewerbsfähigkeit schnell wieder ab.

Richtig ist jedoch auch: Transparenz fördernde IuK-Techniken und die Vergrößerung der regionalen Suchmöglichkeiten durch abnehmende Handelsschranken erleichtern die Suche nach alternativen Transaktionspartnern, falls man mit dem aktuellen Partner unzufrieden ist. Das erhöht den Druck, gute Leistungen abzuliefern, und senkt somit das Risiko. Ineffiziente Transaktionen oder solche, die nicht zum Wachstum beitragen, können ausselektiert und durch bessere ersetzt werden.

Wachstumschancen aus sinkenden Transaktionskosten realisieren

Was bedeuten die gesunkenen Transaktionskosten und die Verringerung des Transaktionsrisikos für die Manager von Unternehmen? Wie können sie die Chancen nutzen, die sich daraus für Effizienzsteigerung und Wachstum ergeben?

In vier Thesen werden wir in den nächsten Abschnitten darauf eingehen, wie Manager die Verringerung der Transaktionskosten nutzen können.

1. Größennachteilen aktiv entgegenwirken

Wir hatten schon angesprochen, dass Größennachteile meist dadurch entstehen, dass die Transaktionskosten beim Größenwachstum eines Unternehmens überproportional ansteigen. Bei internem Wachstum überwiegen die negativen Skaleneffekte, während bei Wachstum durch Akquisitionen meist negative Verbundeffekte im Vordergrund stehen. Hier müssen verschiedene Strukturen, Prozesse, Systeme und vor allem Kulturen „unter einen Hut" gebracht werden.

Da die Transaktionskosten nun auf breiter Front gesunken sind, haben Unternehmen bessere Möglichkeiten zu wachsen, ohne gleichzeitig Größen- und Verbundnachteile in Kauf zu nehmen. Insbesondere können Unternehmen heutzutage groß werden, ohne ihre Steuerungsfähigkeit zu verlieren.

Doch ergibt sich dieses „Wachstum ohne Reue" nicht automatisch. Unternehmen dürfen nicht nur auf Economies of Scale and Scope hoffen, sondern sie müssen vielmehr Größennachteilen aktiv entgegenwirken – die gesunkenen Transaktionskosten stellen lediglich ein Potenzial dar, das unternehmensindividuell genutzt werden muss. Dabei gilt es, allen drei Arten von Größen- und Verbundnachteilen entgegenzusteuern, also kulturellen, technischen und administrativen:

Kulturelle Größen- und Verbundnachteile

Kulturelle Größen- und Verbundnachteile können auf mehreren Ebenen angesiedelt sein:

- Verlust von Identifikation: Mitarbeiter in hochgradig spezialisierten Arbeitsumfeldern erleben ihren Beitrag oft nicht mehr als relevant, weil der Zusammenhang zum Ergebnis des Gesamtunternehmens nicht mehr transparent ist.
- Auflösung der Unternehmenskultur: Je größer eine Organisation ist, desto schwieriger ist es, eine einheitliche Unternehmenskultur zu formulieren und zu leben, mit der sich alle Mitarbeiter identifizieren. In den einzelnen Unternehmensbereichen und -abteilungen bilden sich eigene Kulturen, die den einzelnen Mitarbeiter stärker beeinflussen können als die übergeordnete Unternehmenskultur. Eine ähnliche Situation ist auch aus zahlreichen Post-Merger-Integrationen bekannt. Zum Problem werden diese Muster dann, wenn periphere Werte und Ziele der übergeordneten Vision entgegenstehen.
- Mangelnde Innovationsfreudigkeit: Innovationen erfordern Geld *und* Geist, das heißt eine Einstellung, die sich Neuem gegenüber aufgeschlossen zeigt. Die Crux dabei ist, dass große Unternehmen zwar über die Mittel für umfangreiche Innovationsprojekte verfügen. Ihnen fehlt aber häufig der entsprechende „spirit", der sich eher in kleinen Unternehmen findet, wo sich eine ausgeprägte Risikokultur und ein unmissverständliches Commitment der Geschäftsführung zum Stellenwert von Innovation ausmachen lassen.
- Zunehmende Hierarchiebildung: Wachstum bringt oftmals ausgeprägte Hierarchien mit sich: Um die Expansion organisatorisch abzusichern, werden neue Abteilungen ins Leben gerufen, die auch dann fortbestehen, wenn ihre Aufgabe eigentlich abgeschlossen ist.

- Verschlechterung der Kommunikation: Zu komplexe Organisationsmodelle erschweren häufig die Kommunikation, da zu viele und noch dazu uneinheitliche Kommunikationsquellen die Klarheit und Eindeutigkeit der Botschaft beeinträchtigen. Und manchmal ist dann der „Flurfunk" als informelle Quelle der einzige Kommunikationskanal, der wirklich funktioniert.

Kulturelle Größen- und Verbundnachteile lassen sich mit Hilfe von zwei Maßnahmen angehen. Zum einen durch engagierte und vertrauensvolle Führung. Zum anderen mit einer Organisationsform, die den einzelnen Mitarbeiter spüren lässt, wie wichtig sein Arbeitsergebnis für den Erfolg seiner Abteilung und des Unternehmens als Ganzes ist; die ihm die Freiräume gibt, innovativ tätig zu werden; die auf umfangreiche Hierarchien verzichtet und Transparenz durch klare Kommunikation schafft. Eine solche Organisationsform ist die dezentrale Vertrauensorganisation. Mit ihr beschäftigen wir uns ausführlich in den Kapiteln 3 und 4 dieses Buches. Vorab sei hier nur betont, dass die dezentrale Vertrauensorganisation stark von den gesunkenen Transaktionskosten profitiert und somit deren Potenzial praktisch nutzen kann, da nicht zuletzt die Zusammenführung der dezentralen Elemente von der leistungsfähigeren IuK-Technik wesentlich erleichtert wird. Eine solche Organisationsform zu implementieren bedeutet daher, Größen- und Verbundnachteilen aktiv entgegenzuwirken.

Technische Größen- und Verbundnachteile

Die technische Infrastruktur eines jeden Unternehmens besitzt optimale Betriebspunkte. Eine Nutzung über diese Punkte hinaus führt zu einem überproportionalen Kostenanstieg: Eine übermäßig belastete Maschine etwa verursacht höheren Wartungsaufwand und Energieverbrauch. Außerdem sind die so genannten „sprungfixen Kosten" zu befürchten, wenn die Produktion über die aktuelle Kapazitätsgrenze hinaus nur durch eine weitere Anlage erhöht werden kann. Zumindest bei kurzfristiger Betrachtung ergeben sich dann technische Größennachteile. Technische Verbundnachteile resultieren aus der Inkompatibilität der technischen Infrastruktur. Dieses Problem tritt häufig beim Wachstum durch Fusionen und Akquisitionen auf.

Technische Größen- und Verbundnachteile sind leicht messbar und relativ einfach zu beheben. Neue Anlagen mit höheren Kapazitäten verursachen zwar Kosten, können aber in der Regel schnell und ohne Änderungen von Unternehmensprozessen, -struktur oder -kultur installiert und in Betrieb genommen werden. Der technische Fortschritt eröffnet den Unternehmen aber auch hier neue Dimensionen, mit denen sie Vorteile ausschöpfen und Nachteile vermeiden können: Eine variable und modular erweiterbare Infrastruktur (Maschinen, IT-Netze) ermöglicht es, Kapazitäten flexibel zu vergrößern und sprungfixe Kosten zu vermeiden.

Administrative Größen- und Verbundnachteile

Je größer ein Unternehmen, desto größer ist die Gefahr administrativer Ineffizienz. Der Hauptgrund: Interne Bürokratien neigen dazu, schneller zu wachsen als das Unternehmen insgesamt. Weitere Quellen liegen in der Reaktion auf rechtliche Erfordernisse sowie in der Tendenz, den eigenen Verantwortungsbereich möglichst umfassend abzusichern. Eine überbordende Administration zeigt sich an Symptomen wie Verlangsamung, gesteigerte Komplexität und zunehmende Inflexibilität. Sie ist leicht erkennbar als Treiber von Transaktionskosten, also als Gegenspieler zu deren Absenkungstrend.

Zwar haben die Restrukturierungsansätze zurückliegender Jahre auch innerhalb der Verwaltungen zahlreiche Kostentreiber identifiziert und sie auf ein vernünftiges (was hier in erster Linie meint: beherrschbares) Maß zurückgeführt. Dennoch wissen wir beispielsweise aus Beratungsprojekten, dass Entscheidungsprozesse in zahlreichen Unternehmen nach wie vor umständlich und langwierig vonstatten gehen. Häufige Ursache sind komplizierte und alles erfassende Indikatorensysteme – es gibt kein einfaches Kennzahlensystem, das die wichtigsten Managementabläufe sinnvoll kanalisiert.

Dass zu viel Administration auch den Umgang mit dem Kunden massiv behindern kann, ist eine Erkenntnis aus aktuellen Analysen unseres Hauses. Die viel beschworene „kundenorientierte Organisation“ scheint eher ein Lippenbekenntnis denn tatsächlich realisiertes Leitbild zu sein. Ihre Umsetzung bleibt damit eine Aufgabe, die viele Unternehmen noch vor sich haben: Welche Bedürfnisse haben unsere Kunden? Wie wollen sie zielgruppenadäquat angesprochen und bedient werden? Wie ist ihr Feedback zu lenken, damit es alle relevanten Organisationseinheiten zur Kenntnis nehmen? Diese Fragen wollen unbedingt beantwortet sein, wenn man den wichtigsten Wachstumstreiber nicht aus den Augen verlieren will. In der Realität wird dies allerdings oft durch Bürokratie an der falschen Stelle behindert.

Ein weiteres Problem stellen die unterschiedlichen Managementansätze dar, die sich oft in den verschiedenen Bereichen eines Großunternehmens etablieren. Hier kommt es zu Ineffizienz durch inkompatible Prozesse, Systeme und Strukturen.

Diese Größen- und Verbundnachteile zu erkennen, ist meist schon die halbe Strecke auf dem Weg zu einer Lösung: Wenn das Topmanagement den Abbau administrativer Barrieren entschieden genug angeht, lassen sich oft mit verblüffend einfachen Maßnahmen schnelle Erfolge erreichen. Dazu gehören klare Verantwortlichkeiten auf allen Ebenen des Unternehmens, entsprechend ausgerichtete Anreizstrukturen sowie transparente und nachvollziehbare Berichtssysteme. All diese Maßnahmen fallen unter das Stichwort einer dezentralen Vertrauensorganisation und sorgen dafür, dass die Transaktionskosten auch bei einem großen Unternehmen niedrig bleiben.

2. Durch Neukonfiguration des Geschäftssystems wachsen

Sinkende Transaktionskosten machen Unterschiede in den Produktionskosten noch bedeutsamer, als sie bis dato ohnehin schon waren. Plötzlich lohnt es sich, Arbeit von Hochlohnländern in Niedriglohnländer zu verlagern, und zwar in einem weitaus stärkeren Maße als zuvor. Die stark steigenden Auslagerungen nach Osteuropa, Indien und anderen Ländern mit Lohnkostenvorteilen zeigen, dass die Unternehmen speziell das Potenzial von Offshoring – dem Outsourcing von Unternehmensaktivitäten ins Ausland – erkannt haben.

Zur Auslagerung eignen sich besonders höherwertige administrative Dienstleistungen, also zum Beispiel das Rechnungswesen oder Services im Bereich Personal. Diese gehören einerseits nicht zum Kerngeschäft eines Unternehmens, eignen sich also weniger zur Differenzierung vom Wettbewerb. Und sie sind andererseits oftmals bereits in Corporate Service Centern gebündelt, können also komplett und mit einheitlichen Schnittstellen zum übrigen Unternehmen ausgelagert werden.

Beim Offshoring von Dienstleistungen haben die Europäer gegenüber den US-Wettbewerbern aufgeholt. Gemeinsam mit der UNCTAD haben wir über 100 Interviews bei einer breit angelegten Auswahl europäischer Großunternehmen durchgeführt, die mehr als 20% des Umsatzvolumens aller Top 500-Unternehmen repräsentieren. Das Ergebnis: Fast 40% haben bereits Erfahrung mit Offshoring, 44% beabsichtigen, in der Zukunft Offshoring durchzuführen. Dabei liegt der Schwerpunkt der aktuellen wie der geplanten Offshoring-Aktivitäten bei der Verlagerung von Back-Office-Funktionen, also eben den oben erwähnten höherwertigen administrativen Dienstleistungen wie Finanzierung und Buchhaltung, IT Services und Personalwesen: 57% aller Unternehmen, die Offshoring in der Vergangenheit genutzt haben, lagern in diesem Bereich aus; bezogen auf geplante Projekte sind es sogar 64%. Je ein Viertel der Unternehmen, die Offshoring-Aktivitäten planen, will Front-Office-Funktionen wie Call Center-Services oder industriespezifische Dienstleistungen, etwa im Bereich Forschung und Entwicklung, verlagern – nicht wenige Unternehmen nutzen Offshoring in mehreren Bereichen.

Die wesentlichen Zielregionen des Service Offshoring sind Asien und Europa. 51% aller Offshoring-Projekte sind Verlagerungen ins europäische Ausland, 37% nach Asien (dabei im Wesentlichen nach Indien). Die größeren Projektvolumina sind bei den nach Asien verlagerten Projekten zu finden. Bemerkenswert ist, dass die Mehrzahl der Verlagerungen ins europäische Ausland bisher Offshoring innerhalb Westeuropas betrifft (29%), ein kleinerer Teil die Verlagerung nach Osteuropa (22%). Hier wird sich in Zukunft sicherlich eine Verschiebung ergeben, denn die Osterweiterung der EU verbessert natürlich die Möglichkeiten von Unternehmen, Aktivitäten nach Osteuropa zu verlagern. Die geographische und die – im Vergleich zu Indien und China sehr viel größere – kulturelle Nähe zu den neuen Beitrittsländern sowie die hinzugewonnene politische und wirtschaftliche Bindung bieten eine große Chance für westeuropäische Unternehmen, ihre Konkurrenzfähigkeit durch Auslagerung nach Osteuropa gegenüber Unternehmen aus den USA oder aus Asien zu verbessern. Zudem finden sich in den osteuropäischen Ländern gut ausgebildete Fachkräfte, die zumeist eine oder mehrere der in Westeuropa verbreiteten Sprachen beherrschen, sodass sich die neuen Beitrittsländer gerade für die Auslagerung höherwertiger Services anbieten.

Die Reduzierung von Arbeitskosten und anderen Kosten ist das am häufigsten genannte Argument für Offshoring – 70% (Arbeitskosten) bzw. 59% (andere Kosten) der von uns untersuchten Unternehmen zielen hierauf ab, was angesichts der gewaltigen Kostenunterschiede (siehe Abbildung 15) verständlich ist. Hier sind die Unternehmen unserer Studie schon sehr weit: 12% von ihnen haben Kosteneinsparungen von 10-19% erzielt, 44% von 20-29%, 39% von 30-39% und 5% sogar von 40-49%.

Durchschnittliche Arbeitskosten 2004 [EUR/Stunde]	
Norwegen	29,10
Deutschland	27,03
Frankreich	19,39
USA	18,47
Großbritannien	18,13
Spanien	13,80
Portugal	6,80
Ungarn	3,96
Tschechien	3,22
Polen	2,83
Slowakei	2,13
China	0,84
Indien	0,71

Abb. 15: Lohnkostendifferenziale im internationalen Vergleich (Quelle: Economist Intelligence Unit)

Unternehmen achten beim Offshoring aber nicht nur auf die Kosten, sondern auch auf die Qualität. Dabei hat der Qualitätsaspekt zwei Seiten. Einerseits stehen Qualitätseinbußen an erster Stelle der Risiken, die die von uns befragten Unternehmen mit Offshoring verknüpfen. Andererseits erhoffen sich zahlreiche Unternehmen – in unserer Untersuchung waren es 43% aller Unternehmen, die in der Zukunft Offshoring-Projekte durchführen wollen – eine Steigerung der Qualität durch die Verlagerung ins Ausland. Und das zu Recht: Denn bei einem Drittel der Unternehmen, die bereits Offshoring-Projekte durchgeführt haben, wurden die Erwartungen in Bezug auf eine durch Offshoring hervorgerufene Verbesserung der Qualität nicht nur erfüllt, sondern sogar noch übertroffen.

Welche Konsequenzen entstehen durch die neuen Auslagerungsmöglichkeiten für das Wachstumsmanagement von Unternehmen? Unternehmen haben nun die besten Möglichkeiten, sich auf ihr Kerngeschäft zu konzentrieren. Andere Aktivitäten können von externen Anbietern erledigt werden. Dank der gesunkenen Transaktionskosten und der leistungsfähigeren IT bleibt die Steuerungsfähigkeit trotz der neu entstandenen Schnittstellen erhalten. Die durch die Auslagerung eingesparten Mittel können ins Kerngeschäft investiert werden, um profitables Wachstum zu fördern.

Die Entscheidung, welche Bereiche der Wertschöpfungskette ein Unternehmen selbst abdeckt und welche es Geschäfts- bzw. Kooperationspartnern überlässt, ist zweifellos eine strategische Entscheidung, die vom Vorstand eines Unternehmens getroffen werden muss. Solche Entscheidungen werden in nächster Zeit immer häufiger zu treffen sein. Um den Zuschlag für einen Standort werden nicht nur inländische Standorte mit einem ausländischen Standort konkurrieren, sondern auch verschiedene ausländische Standorte miteinander. Derartige Standortentscheidungen sind häufig mit einem großen Investitionsvolumen verbunden und stellen sich immer wieder neu. Die Aufgabe des Vorstands ist daher nicht mit einer einmaligen Konfiguration der Wertschöpfungskette abgeschlossen. Er muss vielmehr permanent beobachten, ob sich neue Auslagerungsmöglichkeiten ergeben, und entscheiden, ob sie vom Unternehmen genutzt werden sollen. Anpassungsfähigkeit und Flexibilität sind hier die Stichworte, die auch zur nächsten These führen.

3. Anpassungsfähigkeit und Flexibilität des Strategieprozesses erhöhen

Langfristig stabile Strukturen kann es heute kaum mehr geben – zu stark sind die Veränderungen des Umfelds, in dem sich Unternehmen bewegen: Produktlebenszyklen sind kürzer geworden, das Verhalten der Nachfrager ändert sich schneller, neue Wettbewerber treten in kürzester Zeit in den Markt ein usw. Und auch die Möglichkeiten zur Kooperation und Auslagerung haben an Dynamik gewonnen: Die gesunkenen Kosten und Risiken von Transaktionen führen dazu, dass die Bindung an einen speziellen Transaktionspartner geringer wird – so ermöglichen standardisierte IT-Lösungen einen schnellen Wechsel zu einem alternativen Transaktionspartner, ohne dass hohe „Umschaltkosten" in Kauf genommen werden müssen.

Galt eine Unternehmensstrategie daher früher bis zu zehn Jahren, so sind heute Laufzeiten von drei bis fünf Jahren realistisch. Pläne, die darüber hinausgehen, sind schlicht unseriös. Entsprechend flexibel muss die Organisation eines Unternehmens gehalten sein. In dieser Hinsicht hat ein dezentral organisiertes Unternehmen klare Vorteile gegenüber einem zentral ausgerichteten:

- Dezentrale Einheiten lassen sich alleine schon auf Grund ihrer geringeren Größe und der schlankeren Prozesse schneller an Veränderungen anpassen als eine große zentrale Organisation.
- Da sie vor Ort agieren, nehmen dezentrale Einheiten die Veränderung von Rahmenbedingungen eher wahr. Sie sind daher ein wichtiger Seismograph und dienen dazu, frühzeitig strategische Wechsel einzuleiten.
- Die unternehmerische Orientierung ist in dezentralen Einheiten größer – zumindest dann, wenn die Leiter der Einheiten Ergebnisverantwortung haben. Unternehmertum und Flexibilität sind sehr eng verknüpft.

Die dezentrale Unternehmensorganisation gibt den Rahmen vor – wir beschäftigen uns ausführlich mit dieser Organisationsform in Kapitel 3. Darüber hinaus muss die strategische Planung aber weitere Erfolgsfaktoren berücksichtigen, um wirksam und effizient zu sein und Unternehmen dauerhaft auf Wachstumskurs zu halten. Diese Erfolgsfaktoren, die wir zu den folgenden Thesen verdichtet haben, gewinnen angesichts des sich verkürzenden Planungshorizonts stärker an Gewicht:

Moderne Prognoseinstrumente schlagen früher Alarm
Vergangenheitsbasierte Modelle (Fortschreibungen, Hochrechnungen, Extrapolationen) sind nicht geeignet, die Dynamik der oben beschriebenen Veränderungen des Umfelds abzubilden. Unternehmen müssen stattdessen moderne Mittel einsetzen, die sie in die Lage versetzen, Signale zu erkennen, die zu einer Umorientierung des Unternehmens und zu einer Anpassung der strategischen Planung zwingen. Dabei müssen solche Signale wahrgenommen werden, bevor geschäftsrelevante Fehlentwicklungen zu einer Krise geführt haben und ehe der Wettbewerb reagiert und dem Unternehmen Marktanteile abgenommen hat. Unternehmen müssen daher moderne Instrumente der Informationsgewinnung und -verarbeitung nutzen (beispielsweise Frühwarnsysteme, Data Mining, Szenarioanalysen, spieltheoretische Modelle, Optionsanalysen etc.). Obwohl der Nutzen von Frühaufklärung – gerade bei einem verkürzten Planungshorizont – auf der Hand liegt, besteht in der Praxis dennoch ein großer Nachholbedarf: In einer branchenübergreifenden Studie, bei der wir 70 große deutsche Unternehmen nach Zielen, Methoden und Abläufen ihrer strategischen Planung befragt haben, konnten wir feststellen, dass erst 30% von ihnen Frühaufklärungssysteme einsetzen.

Think Tanks erschließen das kreative Potenzial eines Unternehmens
Zu einer erfolgreichen Frühaufklärung gehören nicht nur Modelle und Analysemethoden: Sie bleiben wirkungslos ohne das entsprechende Personal, das mit ihnen umgehen kann. Das Management sollte daher den Mut haben, das Potenzial besonders kreativer Köpfe in Think Tanks zu versammeln – auch gegen den Widerstand aus dem eigenen Unternehmen. Denn Think Tanks werden oft kritisch beäugt, weil sich ihre Beiträge nicht unmittelbar in Geschäftszahlen niederschlagen und ihre Überlegungen gewohnte Bahnen verlassen. Doch gerade in Letzterem liegt der Nutzen von Think Tanks. Bei ihrer Organisation ist daher darauf zu

achten, dass sie tatsächlich vom Tagesgeschäft befreit sind und sich voll auf ihre eigentliche Aufgabe – das strategische Vordenken – konzentrieren können. Aber natürlich dürfen Think Tanks nicht vom übrigen Geschehen im Unternehmen isoliert sein, und sie dürfen ihre Ideen nicht im Elfenbeinturm formulieren. Entscheidend ist ihre Fähigkeit, das im Unternehmen vorhandene Wissen transparent zu machen und mit externem Wissen zu vernetzen. Dabei ist solches externe Wissen besonders interessant, das zukünftige Entwicklungen prognostiziert, die das Geschäft des Unternehmens beeinflussen. Trendforschung gehört daher zu den unverzichtbaren Aufgabenfeldern von Think Tanks: Trendscouts sammeln Informationen aus dem Internet und anderen Quellen oder bewegen sich im „Szene"-Umfeld, um Trends aufzuspüren.

Dezentrale Einheiten liefern wertvolle Impulse für die Strategiefindung
Wenn auch nicht die gesamte Organisation, so müssen doch weite Teile des Unternehmens in die Ausarbeitung der Strategie einbezogen werden. Auf diese Weise kann das intern kumulierte Wissen möglichst optimal zum Tragen kommen. Gerade in Großkonzernen praktiziert man heute nicht mehr den Verordnungsweg top down, sondern kommuniziert zunehmend eng mit den operativen Einheiten, die eine wesentliche Verantwortung für die Strategieformulierung übernehmen und dazu auch die notwendigen Ressourcen erhalten. Wo es früher um zentrale Zielvorgaben für die einzelnen Geschäftseinheiten ging, geht es heute um die Integration der von den dezentralen Einheiten eingebrachten Vorschläge zu einer homogenen und fokussierten Gesamtstrategie des Unternehmens.

Strategiefindung hat Projektcharakter
Der früher auf separat voneinander arbeitende Zentralabteilungen (zum Beispiel Unternehmensentwicklung, M&A, Controlling) aufgeteilte Entwicklungsprozess einer Strategie ist dem integrierten Organisationsmodell des „Corporate Development" gewichen. Die künstliche Trennung, etwa zwischen „Strategie" und „strategischem Controlling", ist somit aufgehoben. Damit hat die Strategiefindung Projektcharakter, was die Flexibilität signifikant erhöht.
Um den Anforderungen an schnelle Ausarbeitung sowie hohe Flexibilität gerecht werden zu können, müssen außerdem strategisches und operatives Controlling zeitlich zusammenfallen und damit auch neu organisiert werden. Dann kann sich das Controlling effizient am „Projekt" der Strategiefindung im Rahmen des Corporate Development beteiligen.

Planungskorridore ermöglichen Flexibilität
Strikte Budgetvorgaben der Firmenleitung engen den Handlungsspielraum der Mitarbeiter ein und ersticken Flexibilität. Stattdessen sollten weichere und anpassungsfähigere Ziele, etwa Korridore, vorgegeben werden. Die Mitarbeiter erhalten damit einen Vertrauensvorschuss, der motiviert – wir zeigen in Kapitel 4, dass Outperformer eine solche Zielplanung erfolgreich einsetzen.

Mitarbeiter müssen Veränderungen als Chance wahrnehmen

Die Mitarbeiter müssen sich verändernde Situationen als interessante Herausforderungen begreifen und Neues als Chance. Dafür ist es natürlich notwendig, dass die Mitarbeiter vom Unternehmen auch darauf vorbereitet werden, mit dem Wandel umzugehen. Es genügt nicht, dass ihnen lediglich die Verantwortung übertragen wird: Sie müssen auch das Rüstzeug erhalten, die anstehenden Aufgaben zu bewältigen – sonst entsteht rasch ein Gefühl der Überforderung. Neben der entsprechenden Schulung in „hard skills" gehört dazu aber auch, das „mindset" der Mitarbeiter zu ändern: Der rasche Wechsel der Umfeldbedingungen darf nicht nur als anspruchsvolle Aufgabe angesehen werden, sondern muss auch Eigenschaften wie Neugier und Interesse an Veränderungen wecken. Voraussetzung hierfür ist natürlich, dass die Mitarbeiter über die Strategie und Vision des Unternehmens informiert werden, um sie mitzutragen. Sie müssen motiviert und rechtzeitig an Veränderungen beteiligt werden.

Incentives sind an den strategischen Erfolg zu knüpfen

Zweifellos ist es notwendig, die Leistung der Mitarbeiter bei der Umsetzung der Strategie monetär zu belohnen. Dies gilt heute umso mehr, da die Implementierung der Strategie auf Grund der gestiegenen Anforderungen den Mitarbeitern besondere Anstrengungen abverlangt. Auch hier gibt es noch Defizite in der Umsetzung: Rund ein Drittel der befragten Führungskräfte berichtet von Schwierigkeiten, die häufig darin bestehen, Führung und Anreizsysteme mit der strategischen Stoßrichtung zu verknüpfen. Unternehmen sollten daher die Vergütung der Mitarbeiter an den strategischen Erfolg des Unternehmens koppeln. Und sie sollten ihre Mitarbeiter durch ein zielgerichtetes Training und Coaching fördern.

Kürzere Planungshorizonte erzwingen eine engere Verzahnung der Planungsprozesse

In erfolgreichen Unternehmen bauen die Planungsprozesse – strategische Planung, Mittelfristplanung, operative Planung – aufeinander auf. In der Vergangenheit unterschieden sie sich wesentlich durch die Themen, mit denen sie sich beschäftigen, ihren Detaillierungsgrad und ihren Zeithorizont. Die Verkürzung der Planungshorizonte bedeutet nun, dass die strategische Planung zeitlich nur noch so weit reicht wie die Mittelfristplanung. Dadurch besteht die Chance, die strategische Planung enger denn je mit der Mittelfristplanung zu verzahnen. Eine erfolgreiche Verzahnung der Planungsprozesse setzt voraus, dass Verantwortlichkeiten und Schnittstellen eindeutig geklärt sind. Dazu tragen insbesondere eine funktionierende Kommunikation zwischen Unternehmensentwicklung und Controlling sowie einheitliche oder zumindest kompatible EDV-Systeme bei.

Umsetzungskontrolle darf nicht vernachlässigt werden

Noch zu wenige Unternehmen betreiben eine systematische Erfolgskontrolle strategischer Entscheidungen. So gibt lediglich rund ein Drittel der befragten Firmen an, hier professionell zu arbeiten. Eine Balanced Scorecard setzen sogar nur 20%

ein. Defizite bestehen außerdem in der Planfortschrittskontrolle. Während Vorstände häufig mit umfangreichen Auswertungen und Analysen überflutet werden, mangelt es an prägnanten Unterlagen, die sich auf den Umsetzungsfortschritt konzentrieren. Dabei sollte ein Soll-/Ist-Abgleich mindestens quartalsweise erfolgen. Ein effizientes Maßnahmenmanagement und eine einheitliche Software-Basis für Planungs- und Kontrollsysteme helfen, Fortschritte bei der Implementierung transparent zu machen.

4. Auf die Konkurrenz aus Niedriglohnländern reagieren

Die gesunkenen Transaktionskosten stellen für alle Unternehmen ein Kostensenkungspotenzial dar: Preiswertere IT-Infrastruktur, niedrigere Telefongebühren und das gefallene Niveau der Frachtkosten stehen keinem Unternehmen exklusiv zur Verfügung. Der Wettbewerbsdruck nimmt daher nicht ab, ganz im Gegenteil: Er steigt sogar, da neue Konkurrenz aus Niedriglohnländern auf den Markt drängt. In diesen Ländern finden sich nämlich nicht nur Unternehmen, an die man spezielle Aufgaben oder ganze Teile der Wertschöpfungskette auslagern kann – dies haben wir unter der Überschrift der Neukonfiguration des Geschäftssystems bereits untersucht, sondern es finden sich dort auch Unternehmen, die auf gleichen Wertschöpfungsstufen wie die Unternehmen der Hochlohnländer agieren. Diese Unternehmen waren möglicherweise bisher nur in den Niedriglohnländern selbst tätig – zu hohe Transaktionskosten verhinderten ein internationales Engagement. Doch eben dies macht das Sinken der Transaktionskosten nun möglich.

Damit erwächst den Ländern der westlichen Industriestaaten eine ernst zu nehmende Konkurrenz. Denn nun können die Niedriglohnländer ihr geringes Lohnniveau voll in die Waagschale werfen. Auch die Qualität ihrer Waren wird über kurz oder lang westliches Niveau erreichen. Denn auch dafür sorgen die gesunkenen Transaktionskosten: Der Austausch von Know-how hat sich beschleunigt. Da die Weiterleitung von Informationen um vieles günstiger und einfacher geworden ist, finden die Unternehmen der Niedriglohnländer rascher Anschluss an den technologischen Fortschritt. Und sie können sich außerdem leichter über die Bedürfnisse der Verbraucher im Ausland informieren und ihr Angebot dementsprechend anpassen.

Wie können die westlichen Unternehmen darauf reagieren? Wie können sie weiterhin einen Vorsprung in Qualität und Produkt-Know-how aufrechterhalten? Und wie können sie die Schere zwischen ihren Produktionskosten und denen der Niedriglohnproduzenten so gering wie möglich halten? Vier Punkte sind hier besonders wichtig:

- Keine Abschottung: Es ist nicht erfolgversprechend, aus Angst vor Know-how-Transfer auf Kooperationen und Outsourcing-Abkommen mit Unternehmen in Niedriglohnländern zu verzichten. Zum einen läuft eine derartige Abschottung dem – richtigen – wirtschaftspolitischen Trend entgegen,

Märkte zu öffnen, Zölle zu verringern und andere Handelshemmnisse abzubauen. Zum anderen bleibt westlichen Unternehmen gar keine andere Wahl, als die geringen Lohnkosten in Niedriglohnländern auszunutzen. Denn wir haben weiter oben schon gesehen, wie lukrativ das Offshoring von Teilen der Wertschöpfungskette ist. Unternehmen, die darauf verzichten, laufen Gefahr, ihre Konkurrenzfähigkeit zu verlieren. Besonderer Wert ist aber auf das Handling von Know-how zu legen: Erfolgskritisches Know-how muss in den Händen des eigenen Unternehmens bleiben. Verträge sind dementsprechend zu gestalten, Prozesse sind festzulegen, und die Mitarbeiter sind entsprechend zu schulen.

- Den Vorsprung bei Produktinnovationen aufrechterhalten: Auch wenn die Produzenten in Niedriglohnländern beim Know-how aufholen, haben die Unternehmen in westlichen Ländern bei zahlreichen Produkten immer noch die Nase vorn. Sie müssen ihren noch existierenden technologischen Vorsprung, aber auch ihren Vorsprung bei der Analyse und Prognose der Verbraucherbedürfnisse nutzen, um weiterhin Produktinnovationen voranzutreiben. Oberste Priorität gehört daher den Bereichen Forschung und Entwicklung.

- Durch Prozessinnovationen Produktionseffizienz sichern: Es ist richtig, die großen Lohnkostenunterschiede zwischen verschiedenen Ländern zu nutzen, die gerade in der Produktion existieren. Auftragsfertigung in Niedriglohnländern ist daher sinnvoll und weit verbreitet. Doch hat auch die Produktion in Hochlohnländern noch einen gewichtigen Platz. Man denke nur an die Automobilindustrie oder die IT-Branche: So produziert AMD den Opteron-Chip in Dresden. Voraussetzung für die Konkurrenzfähigkeit ist allerdings eine hohe Effizienz. Westliche Unternehmen müssen daher große Anstrengungen unternehmen, Prozessinnovationen zu implementieren und selbst zu entwickeln.

- Co-opetition nutzen: Der Wettbewerbsdruck kann gemindert werden, wenn Unternehmen auch mit Konkurrenten zusammenarbeiten. Damit ist keine Kartellbildung gemeint, sondern die Kooperation auf einem Markt oder bezüglich einer Wertschöpfungsstufe, während man auf anderen Märkten bzw. Wertschöpfungsstufen gegeneinander im Wettbewerb steht. Die Bandbreite von Co-opetition reicht von der Entwicklung gemeinsamer Standards, wie beim Konsortium „Symbian" führender Handyhersteller, bis zu Kooperationen von Banken bei der Abwicklung des Zahlungsverkehrs (die Deutsche Bank und die Dresdner Bank haben die Postbank damit beauftragt).

Wir haben gesehen, dass die sinkenden Transaktionskosten enorme Chancen für Unternehmen bedeuten. Ihr Handlungsspielraum wird breiter und ihre Wachstumsfähigkeit steigt wesentlich. Größe kann nun – insbesondere dank leistungsfähiger Informations- und Kommunikationstechnologie – realisiert werden, ohne die Steuerungsfähigkeit zu verlieren. Doch sind Unternehmen nicht automatisch

Nutznießer der sinkenden Transaktionskosten. Das Management muss die neuen Möglichkeiten vielmehr aktiv nutzen. Wenn dies gelingt, kommt das Perpetuum mobile des Wachstums in Schwung: Skalenvorteile führen zu Effizienzgewinnen, diese generieren freie Cashflows, die für Investitionen zu Verfügung stehen, die weitere Effizienzgewinne oder Wachstumsschübe nach sich ziehen. So lässt sich der Doppelkurs aus Wachstum und Effizienzsteigerung realisieren und der Wert eines Unternehmens kontinuierlich erhöhen.

Die dezentrale Vertrauensorganisation

3. Dezentralität – die strukturelle Voraussetzung für profitables Wachstum

Auf einen Blick:
Eine dezentrale Organisation bietet nach unserer Auffassung den idealen Rahmen für das Wachstum eines Unternehmens, da ihre Strukturen eine schnelle und flexible Reaktion auf die sich wandelnden Anforderungen der Märkte ermöglichen. Darüber hinaus wirkt sich Dezentralität positiv auf eine wachstumsfördernde Kultur eines Unternehmens aus, weil sie die ideale Basis für das unternehmerische Handeln von Führungskräften und Mitarbeitern schafft. Indem sie die Bedingungen für Transparenz und Kommunikation verbessert, leistet sie auch einen entscheidenden Beitrag zur Etablierung einer Vertrauenskultur im Unternehmen. Bei der Gestaltung der Dezentralisierung kommt es darauf an, einerseits die Vorteile dieser Unternehmensstruktur zu nutzen, andererseits unerwünschte Nebenwirkungen wie das mehrfache Vorhalten gleicher Ressourcen zu vermeiden. Dies lässt sich erreichen, wenn die dezentrale Struktur um zentrale Elemente ergänzt wird. In anderen Worten: Unternehmen können einen profitablen Wachstumskurs beschreiten, wenn sie die besten Eigenschaften der beiden Modelle Dezentralisierung und Zentralisierung auf ihre eigenen Bedürfnisse zugeschnitten kombinieren.

Die dezentrale Organisationsstruktur als Gegenspieler von Größennachteilen

Der amerikanische Autor Tom Peters hat eine provokante Frage gestellt: „If big is so damn good, then why is almost everyone big working overtime to emulate small?" – Damit zielt der Verfasser einiger Wirtschaftsbeststeller auf den Kern des Themas, das wir im vorangegangen Beitrag erörtert haben: Ein Unternehmen kann nur dann profitabel wachsen, wenn es Größenvorteile voll ausschöpft und gleichzeitig Größennachteile vermeidet. Und dies kann nur gelingen – hier die Antwort auf Peters rhetorische Frage –, wenn große Organisationen nach den Qualitäten streben, die eher kleinen Organisationen nachgesagt werden, allen voran Schnelligkeit und Flexibilität. Sich diese Tugenden der „Kleinen" anzueignen, heißt aber nicht, den Wachstumspfad zu verlassen. David hat gegen Goliath nicht gewonnen, *weil* er klein war. Den Sieg gegen den Superkrieger des feindlichen Heeres konnte er nur deshalb erringen, weil Goliath sich ausschließlich auf seine gigantische Körpergröße und seine angeblich 80 Kilo schwere Rüstung verließ und den schmächtigen Hirtenjungen als Gegner nicht ernst nahm. Die Kampfmaschine Goliath war nicht auf Davids Strategie eingestellt, der Schuss aus der Steinschleuder traf ihn deshalb völlig überraschend – und tödlich. Wenn Goliath nicht nur enorme Kräfte besessen hätte, sondern auch Hirn und Beweglichkeit, wäre David nicht der Hauch einer Chance geblieben. Welche Erkenntnis für Unternehmen steckt in diesem Gleichnis? Wer nachhaltig und profitabel wachsen will, muss seine Organisation so ausrichten, dass Größenvorteile (Goliaths Kraft) nicht von den Größennachteilen (Goliaths Unbeweglichkeit im wörtlichen und übertragenen Sinne) konterkariert werden.

Eine Schlüsselrolle bei der Vermeidung der Diseconomies of Scale spielt die Organisationsstruktur. Sie trägt entscheidend dazu bei, administrative und kulturelle Größennachteile zu verhindern bzw. zu begrenzen. Auf Basis unserer internationalen Analysen und unserer Projekterfahrungen wissen wir, dass eine dezentrale Struktur, sinnvoll kombiniert mit zentralen Elementen, die besten Rahmenbedingungen bietet, um die notwendige Doppelstrategie aus Wachstum und Effizienzsteigerung erfolgreich umzusetzen. In diesem Kapitel werden wir diese These untermauern und zeigen, weshalb wir die Dezentralisierung als *das* Konzept betrachten, das einen strukturellen Rahmen für das Wachstum von Unternehmen bietet. Dazu betrachten wir im nächsten Abschnitt die Wechselwirkung zwischen Organisation und Umwelt und werfen einen Blick zurück in die Entwicklungsgeschichte von Organisationen. Nach diesem theoretisch-historischen Intermezzo geht es in den folgenden Abschnitten um die praktischen Vorzüge dezentraler Einheiten; außerdem folgen Empfehlungen für die Gestaltung einer dezentralen Organisationsstruktur.

Structure follows strategy – die Beziehung zwischen Organisation und Umwelt

Man muss kein Linguist sein, um den gemeinsamen etymologischen Stammbaum der Begriffe Organisation und Organismus zu erkennen. Seine Wurzel ist Órganon, das griechische Wort für Werkzeug. Nicht allein die sprachliche Verwandtschaft dürfte einige organisationstheoretische Schulen inspiriert haben, die Organisation durch die Metapher des Organismus zu beschreiben: Eine Organisation wird als System betrachtet, das sich in einem permanenten Austausch mit seiner Umwelt befindet. Dieser Austausch ist keine Einbahnstraße, sondern ein Beziehungsgefüge, das in verschiedene Richtungen reagiert: Einerseits wirken Veränderungen der Umwelt auf die Gestaltung der Organisation, andererseits führen Veränderungen der Organisation zu Reaktionen des Umfelds. Wir betrachten das Unternehmen als Organisation und werden den Akzent darauf legen, mit welchen Anpassungsprozessen eine Organisation auf neue Herausforderungen der Umwelt reagiert.

Bleibt man bei der Organismus-Metapher, drängt sich die Analogie zur Evolutionslehre geradezu auf: Überlebt haben nur die Organismen, die sich den veränderten Rahmenbedingungen anpassen oder die Rahmenbedingungen selbst hinreichend stark in ihrem Sinne beeinflussen konnten. Die so genannte Umwelt-Organisations-Kongruenz gilt folglich als Bedingung für die Existenzsicherung jeder Organisation.

Da sich die Umwelt permanent verändert, können die Strukturen von Unternehmen nicht statisch sein. Dies bestätigt ein Blick in die Geschichte der Organisationsmodelle und -theorien: Die Abnehmermärkte als wichtigstes Element der Unternehmensumwelt bestimmen die Anforderungen an ein Unternehmen wesentlich. Dieses versucht, den Prozess seiner Leistungserstellung idealerweise so zu gestalten, dass sein Output an Gütern und Dienstleistungen den Bedürfnissen der Kunden entspricht. Doch auch die übrigen Umweltelemente, wie Kapitalgeber, Lieferanten, der Staat und die Öffentlichkeit beeinflussen die Strategie und damit die Struktur eines Unternehmens. Und wenn es natürlich auch Rückwirkungen der Organisation auf die Strategie eines Unternehmens gibt, so gilt doch prinzipiell Alfred Chandlers bekanntes Diktum aus dem Jahr 1962: „Structure follows strategy."

Diese These lässt sich anhand der historischen Zusammenhänge zwischen Diversifikation und Divisionalisierung illustrieren. Die Diversifikation im großen Stil begann nach Ende des Ersten Weltkriegs in den USA. Mit dem Ziel, Synergieeffekte zu nutzen sowie konjunkturell oder saisonal bedingte Absatzschwankungen auszugleichen, setzten immer mehr große Unternehmen auf eine Ausdehnung ihrer angestammten Geschäftsfelder. Ein klassisches – und deshalb häufig zitiertes – Beispiel ist DuPont: Ursprünglich stellte das Unternehmen Sprengstoff her, erweiterte dann allerdings seine Angebotspalette um andere chemische Produkte wie Farben, Lacke, Chemikalien. Bald zeigte sich jedoch, dass die klassische funktionale Struktur der Diversifikation nicht gewachsen war: Sie kollabierte, weil das Unternehmen die eigene Angebotskomplexität nicht mehr beherrschte und es nicht schaffte, die Ressourcenzuteilung in seinem heterogenen Portfolio zu managen, wie Chandler analysierte. Innerhalb des Rahmens, den die funktionale Struktur des Unternehmens vorgab, war die Koordinationskrise nicht in den Griff zu bekommen. Gegen zum Teil erhebliche interne Widerstände entschloss man sich zu einer aus damaliger Sicht radikalen Problemlösung: Es wurden für die wichtigsten Produktkategorien fünf selbstständige Divisionen geschaffen, dazu Zentralabteilungen wie zum Beispiel Recht, Forschung, Einkauf und Werbung. Die Reorganisation war ein voller Erfolg; zahlreiche andere diversifizierte Unternehmen übernahmen dieses Prinzip der divisionalen Organisation. Es verbreitete sich auch in den europäischen Industrieländern, aber mit Verzögerung: Die große Welle der Divisionalisierung schwappte erst nach dem Zweiten Weltkrieg über den Atlantik.

Ein anderes historisches Beispiel soll zeigen, wie unterschiedliche Marktbedingungen die Einführung und Verbreitung von Organisationsmodellen beeinflussen:

Um die Wende zum 20. Jahrhundert war die industrielle Revolution in den USA in vollem Gange. Als bahnbrechende Neuerung wurde in Großbetrieben wie Westinghouse oder Ford die Fließbandfertigung eingeführt, woraus ein enormer Produktivitätsfortschritt resultierte. Dieses neue Stadium der Industrialisierung war der Hintergrund, vor dem der Ingenieur Frederick Taylor 1911 sein Konzept des „Scientific Management" veröffentlichte, das nach ihm als Taylorismus bezeichnet wird. Sein Hauptziel war die Steigerung der Produktivität menschlicher Arbeit, was durch eine weitestgehende Arbeitsteilung erreicht werden sollte. Die strikte Trennung von Hand- und Kopfarbeit sowie ein starres Regel- und Kontrollsystem betrachtete Taylor ebenfalls als Voraussetzungen für eine effiziente Organisationsgestaltung.

Schon bald nach seiner „Erfindung" stand dieses Konzept der „wissenschaftlichen Betriebsführung" in der Kritik: Die Zerstückelung der Arbeit in kleinste, ständig zu wiederholende Schritte, die totale Fremdbestimmung und die mentale Unterforderung der Beschäftigten wurden nicht nur wegen der daraus resultierenden inhumanen Arbeitsbedingungen beanstandet. Taylors Ansatz barg auch das Risiko, das Qualifikationsniveau der Belegschaft systematisch zu verringern. Dennoch fand das Konzept viele Anhänger – sowohl in den USA als auch in der Sowjetunion, die in den Zwanziger und Dreißiger Jahren mit allen Mitteln die Industrialisierung vorantrieb. Voraussetzung für den Siegeszug der hochgradigen Spezialisierung à la Taylor war ein riesiger Absatzmarkt, der Massenprodukte aufnehmen konnte, in Verbindung mit einem großen Reservoir unqualifizierter Arbeiter, aus dem die Industrie schöpfen konnte. Insofern ist es nicht verwunderlich, dass sich Taylors Ideen in Deutschland nie in Reinkultur durchsetzen konnten. Die Situation der deutschen Wirtschaft nach dem Ersten Weltkrieg unterschied sich völlig von der Situation in den Vereinigten Staaten – es mangelte sowohl an Kapital als auch an der Nachfrage. Damals prägte sich ein Umfeld aus, das den Kunden spezifische, individuelle Services und Produkte durch entsprechend hoch qualifizierte Belegschaften anbot.

Auch wenn „Taylor pur" in Deutschland kaum zu finden war, haben sich Elemente des Taylorismus lange gehalten: Vor allem seine Grundprinzipien, die Spezialisierung, die Trennung von dispositiven und ausführenden Arbeiten sowie ein zentralistisch hierarchisches Organisationsprinzip, erwiesen sich im Unternehmensalltag als zählebig. Die stabilen Verhältnisse auf den Märkten, die Langlebigkeit der Produkte und die hohe Produktivität legitimierten diesen Typus der Organisation von Industrieunternehmen bis in die späten 70er Jahre. Immerhin gab es vor allem in den 70er und 80er Jahren des letzten Jahrhunderts unter dem Schlagwort „Humanisierung der Arbeitswelt" in zahlreichen Betrieben Initiativen, um die Nachteile des Taylor'schen Erbes einzudämmen und exzessive Formen der Spezialisierung in der Produktion zu korrigieren. Die dabei ergriffenen Maßnahmen liefen im Kern auf Versuche hinaus, von der Fragmentierung der Arbeitsprozesse weg hin zu mehr Ganzheitlichkeit zu gelangen. Job Enlargement zielt durch die Erweiterung von Arbeitsaufgaben durch gleiche oder ähnliche Elemente auf die Verringerung der horizontalen Arbeitsteilung. Job Enrichment bedeutet, durch die Hinzunahme von vorbereitenden und kontrollierenden Aufgaben eine qualitative Anreicherung von Arbeitsaufgaben zu erreichen. Job Rotation als systematischer Arbeitsplatzwechsel dient sowohl dem Erwerb zusätzlicher Qualifikationen als auch der Vermeidung von Monotonie.

Trotz solcher Modernisierungsversuche veränderten sich die Strukturen der meisten Unternehmen nur allmählich. Häufig führten Reformbestrebungen nur zu einem Flickwerk am Organisationssystem, ließen aber die zentralistisch und hierarchisch geprägten Gestaltungsprinzipien und Entscheidungsprozesse in Unternehmen letztlich unangetastet. Solange das gesellschaftliche und wirtschaftliche Umfeld weitgehend stabil blieb und sich ebenfalls nur im Zeitlupentempo veränderte, blieb dieses Verharren in alten Strukturen im Wesentlichen ohne negative Konsequenzen von Seiten des Marktes. Ganz anders die Situation heute: Die Rahmenbedingungen für Unternehmen haben sich mit einer Geschwindigkeit und Dynamik verändert, die dem „Organismus Organisation" Anpassungshöchstleistungen abverlangt und damit traditionelle Strukturen in Frage gestellt haben und teilweise obsolet werden ließen.

Flexibilität und Schnelligkeit – (über)lebenswichtige Eigenschaften auf dynamischen Märkten

Seit den 90er Jahren des 20. Jahrhunderts und intensiver seit dem Beginn des 21. Jahrhunderts zeigen sich immer deutlicher einschneidende Veränderungen in Wirtschaft und Gesellschaft. Diese vollzogen sich natürlich nicht „über Nacht". Aber viele begreifen erst heute die Tragweite dieser Veränderungsprozesse. Vielfältige und interdependente Faktoren bewirken diesen Wandel: Die Globalisierung sowohl der Kapital- als auch der Güter- und Produktmärkte sowie die rasanten Fortschritte der Informations- und Kommunikationstechnologien haben zu einer bis dato noch nie da gewesenen Beschleunigung und Intensität des Wettbewerbs geführt. Während also einerseits die Komplexität der Umwelt zunimmt, hat sich die von den Unternehmen geforderte Reaktionsgeschwindigkeit vervielfacht. An dieser Herausforderung müssen Organisationsstrukturen alten Typs scheitern, denn sie sind nicht in der Lage, adäquat zu reagieren. Um sich in der verschärften Wettbewerbssituation zu behaupten, muss sich ein Unternehmen schnell und effizient an Veränderungen anpassen und fähig sein, Produkte und Dienstleistungen rasch und konsequent auf die Bedürfnisse der Kunden auszurichten. Schnelligkeit und Flexibilität sind deshalb zu überlebenswichtigen Schlüsselkompetenzen eines Unternehmens geworden. Organisationen waren – und sind – also gezwungen, ihre Strukturen in einer Weise zu restrukturieren, dass sie diese Kriterien erfüllen können. Für eine solche Rekonfiguration der Strukturen drängt sich ein Muster auf: die Dezentralisierung.

Die Einführung der divisionalen Struktur bedeutete bereits einen ersten Schritt in Richtung Dezentralisierung. Allerdings tendierte man früher zu größeren Einheiten, sodass Zentralismus als Gestaltungsprinzip auch innerhalb der Divisionen anzutreffen ist. Angesichts des Anpassungsdrucks der Umwelt ist inzwischen ein anderer Trend zu beobachten. Ging es früher um die Frage, mit wie wenigen Divisionen man auskommen kann, wird heute eher gefragt, welches die erforderliche Mindestgröße für eine Division ist. Dabei lassen sich allerdings keine allgemein gültigen quantitativen Aussagen über die ideale Mindest- oder Maximalgröße von Einheiten treffen. Wichtiger als absolute Zahlen ist der Grundgedanke der Dezentralisierung: Die Aufgliederung des Unternehmens in Module soll die Komplexität der Leistungserstellung reduzieren und die Marktnähe verbessern. Modulare Unternehmen sollen in der Lage sein, schneller und flexibler auf Kundenwünsche, Marktveränderungen, und das Verhalten der Wettbewerber zu reagieren. Bei der Bildung von Einheiten sind vor allem zwei Prinzipien zu beachten, deren Gewichtung je nach der spezifischen Situation eines Unternehmens variieren kann:

- Prozessorientierung: Die dezentralen Organisationseinheiten müssen auf Prozesse zugeschnitten werden, um die organisatorischen Schnittstellen bei der Leistungserstellung auf ein Minimum zu reduzieren.
- Abnehmerorientierung: Der Abnehmer spielt die Schlüsselrolle bei der Definition der Anforderungen an Produkte und Dienstleistungen und damit an die Gestaltung der Prozesse. Dies gilt sowohl für Kunden als auch für interne Bezieher von Leistungen.

Die Vorteile dezentraler Strukturen

Wir sind der Überzeugung, dass die Dezentralisierung *die* Organisationsstruktur ist, weil Unternehmen mit ihrer Hilfe am besten – das heißt schnell und flexibel – auf Anforderungen und Veränderungen der Umwelt reagieren können. Insofern bietet Dezentralität den Rahmen, der optimale Voraussetzungen für das Wachstum einer Organisation schafft. Auch Top-Führungskräfte teilen diese Auffassung, wie wir im Rahmen der Umfragen zu unserer Studie „Zum Wachstum führen" herausfanden. Der überwiegende Teil der Manager, die wir zu den Erfolgsfaktoren und Voraussetzungen für wertorientiertes Wachstum befragt haben, bestätigt unsere Einschätzung: Die dezentrale Struktur wird als eine wesentliche organisatorische Voraussetzung für Wachstum genannt. Dabei beruht die positive Wirkung der Dezentralisierung systematisch auf folgenden Gründen:

- *Marktnähe:* Gleichgültig, ob sie auf oberster Ebene regional, nach Produktgruppen oder nach Kundensegmenten organisiert sind: Dezentrale Unternehmenseinheiten sind näher an ihren Märkten. Das ermöglicht ihnen, ihre Wachstumsstrategien auf die spezifischen Bedürfnisse der jeweiligen Märkte abzustimmen. Die mit der dezentralen Struktur verbundene Entscheidungsbefugnis hat den Vorteil, dass Entscheidungen dort getroffen werden, wo das Informationsniveau über den betreffenden Markt am größten ist. Durch die unmittelbare Nähe zum Markt sind die dezentralen Einheiten in der Lage, schnell und flexibel auf die Veränderung von Kundenwünschen oder auf Maßnahmen von Wettbewerbern zu reagieren und ihr Angebot an lokale Gegebenheiten anzupassen.

- *Schnelligkeit und Flexibilität:* Dezentrale Einheiten zeichnen sich durch kurze Entscheidungswege aus – diese Aussage gilt sowohl für die Dauer und Komplexität des Entscheidungsfindungsprozesses als auch für die Umsetzung von Entscheidungen. Dies ist vor allem darauf zurückführen, dass kleinere Einheiten wesentlich bessere Voraussetzungen für Kommunikation bieten. Zum einen ist die Zahl der Kommunikationspartner überschaubar, was die direkte Kommunikation fördert. Zum anderen zeigt sich immer wieder, dass Informationsverluste und -verzerrungen mit der Anzahl der Hierarchiestufen zunehmen. Da dezentrale Einheiten üblicherweise flache Hierarchien aufweisen, gibt es dort weniger Hindernisse für den Kommunikationsfluss. Diese Eigenschaften dezentraler Einheiten führen im Ergebnis dazu, dass sie flexibler als Große agieren können: Sowohl ihre Strukturen als auch ihre Prozesse sind kompakter. Die Anpassung an veränderte Rahmenbedingungen verläuft deshalb schneller und mit weniger Problemen.

- *Motivation*: Dezentrale Strukturen sind der ideale Rahmen, um die intrinsische Motivation von Führungskräften und Mitarbeitern zu steigern. Dies ist vor allem darauf zurückzuführen, dass dezentrale Einheiten in der Regel für konkrete Prozesse verantwortlich sind. Diese Ganzheitlichkeit der Aufgabenstellungen fördert die Identifikation. Zudem lassen sich durch die bessere Möglichkeit der direkten Interaktion innerhalb kleiner, homogener Einheiten Mitarbeiter leichter für gemeinsame Ziele motivieren, als dies im relativ anonymen Umfeld einer Großorganisation gelingen kann. Hier besteht immer das Risiko, dass Mitarbeiter sich als Rädchen im Getriebe einer Organisationsmaschinerie fühlen, was Motivation und Identifikation erheblich erschwert.

- *Freiräume und Anreize:* Wachstum lebt ganz entscheidend von Innovationen. Die entstehen aber nur dann, wenn die Rahmenbedingungen stimmen: Es geht um eine gute Balance zwischen Freiräumen – ja sogar einem gewissen Maß an Chaos – auf der einen Seite und konkreten Zeitplänen, Prioritäten und Budgets auf der anderen Seite. Da die Manager dezentraler Einheiten näher an ihren Mitarbeitern sind als die Unternehmensleitung, können sie schneller und unbürokratischer für die nötigen Freiräume sorgen. In solchen Freiräumen kann sich die Kreativität der Mitarbeiter entfalten und zu Innovationen führen. Zudem wissen die Manager dezentraler Einheiten besser als die Zentrale, welche motivierenden Maßnahmen ihre Mitarbeiter brauchen.

- *Ergebnisverantwortung:* Die Delegation von Entscheidungsbefugnis ermöglicht es dem Management der dezentralen Einheiten, im Wesentlichen selbstständig zu agieren. Als „Unternehmer im Unternehmen" trägt der Leiter eines Moduls auch die Verantwortung für die Ergebnisse seiner Entscheidungen – sowohl im übertragenen Sinn als auch unmittelbar in Form von Gewinnen und Verlusten. Diese Form des eigenverantwortlichen Handelns steigert die Motivation von Führungskräften und setzt ihr unternehmerisches Potenzial frei. Dabei wird die Wirkung noch verstärkt, wenn die Entlohnung des Managements an den Erfolg der dezentralen Einheit geknüpft ist. Die dezentrale Struktur ist eine grundlegende Voraussetzung für das Prinzip der Ergebnisverantwortung: Die Zurechenbarkeit von Erfolg oder Misserfolg ist nur möglich, wenn Ursache und Wirkung von Entscheidungen in der jeweiligen Einheit verortet sind. Dies erfordert wiederum, dass die Entscheidungsbefugnis und -kompetenz ebenfalls in dieser Einheit liegen.

- *Entlastung der Spitze:* Dezentrale Strukturen führen dazu, dass die Leitung des Gesamtunternehmens vom operativen Geschäft entlastet wird und sich besser auf strategische Aufgaben konzentrieren kann. In zentralistisch geprägten Organisationen kommt es häufig dazu, dass Entscheidungen über operative Fragen an die Spitze gesogen werden. Als Resultat wird das Management vom Tagesgeschäft derart absorbiert, dass darüber die strategische Führung vernachlässigt wird.

- *Transparenz:* Dezentralität fördert Transparenz sowohl innerhalb eines Unternehmens als auch in den Beziehungen nach außen. Zum Beispiel kann das Management des Gesamtunternehmens einen guten Überblick über die Entwicklung einzelner Märkte gewinnen, wenn Verantwortung und Zuständigkeit für den jeweiligen Markt eindeutig einer dezentralen Einheit zugeordnet sind. So lassen sich wachstumsstarke und wachstumsschwache Bereiche identifizieren; dementsprechend kann das Wachstum über die Zusammensetzung des Portfolios gesteuert werden.
  Transparente Organisationsstrukturen sind auch eine wesentliche Voraussetzung für die Zurechenbarkeit von Verantwortung innerhalb des Unternehmens („accountability"). So besteht etwa in komplexen Matrixstrukturen die Gefahr, dass sich bei Fehlern oder Fehlentscheidungen jeder hinter jedem verstecken kann.

- *Integration anderer Unternehmen:* Im Fall einer Neustrukturierung der Gesamtorganisation zeichnet sich die dezentrale Struktur durch große Flexibilität aus. Da sie weitgehend in sich abgeschlossene Prozesse bearbeiten, lassen sich dezentrale Einheiten beispielsweise relativ leicht umgruppieren. Bei einer Akquisition oder Fusion sind einzelne Module besser integrierbar, bei einer Portfoliobereinigung besser veräußerbar. Insofern weisen dezentralisierte Unternehmen generell eine hohe Anpassungsfähigkeit auf.

So viel Dezentralität wie möglich, so viel Zentralismus wie nötig

Bei der Gestaltung der Dezentralisierung kommt es entscheidend darauf an, einerseits die Vorteile dieser Unternehmensstruktur zu nutzen, andererseits aber ihre Nachteile konsequent zu vermeiden. Zu den unerwünschten Nebenwirkungen gehören zum Beispiel Koordinationsprobleme sowie der Verlust einer ganzheitlichen Unternehmenskultur. Eine Schwachstelle der Dezentralisierung besteht auch in der Tendenz, Ressourcen weniger effizient zu nutzen als straff zentralisierte Organisationen und damit Synergieeffekte zu verschenken. Wie wir festgestellt haben, sind dezentrale Strukturen entscheidend, um die Wachstumsorientierung innerhalb eines Unternehmens strukturell zu verankern. Will das Management aber einen profitablen Wachstumskurs einschlagen, muss es nach einem optimalen Mix aus Wachstumsstrategien und operativer *excellence* streben. Der Verzicht auf Kostenvorteile, die mit einer Zentralisierung bestimmter Funktionen einhergehen, wäre dabei in höchstem Maße kontraproduktiv. Es geht also darum, die dezentrale Struktur um zentrale Elemente zu ergänzen. In anderen Worten: Unternehmen können einen profitablen Wachstumskurs beschreiten, wenn sie die besten Eigenschaften der beiden Modelle Dezentralisierung und Zentralisierung auf ihre eigenen Bedürfnisse zugeschnitten kombinieren. Nach unseren Analysen und Erfahrungen haben sich bei der Gestaltung von dezentralen Organisationen folgende Erfolgsfaktoren herauskristallisiert:

- Das jeweilige Geschäftsmodell gibt die Anforderungen an die Gestaltung der Organisation vor: Die dezentrale Struktur muss auf die konkrete Unternehmenssituation zugeschnitten sein. Zahlreiche Formen der Dezentralisierung stehen zur Auswahl – von der Bildung rechtlich abhängiger Divisionen über das Konzept einer Holding bis zum integrierten Netzwerk eng verknüpfter Unternehmenseinheiten mit speziellen Ressourcen und Fähigkeiten. *Die* allgemein gültige, ideale Organisationsform gibt es jedoch nicht. Ob sich ein Unternehmen zum Beispiel auf oberster Ebene divisional nach seinen Produktfeldern, nach Regionen oder nach Kundengruppen organisiert, hängt davon ab, welche Gesamtstrategie das Unternehmen verfolgt und wie sinnvoll sich die Bereiche trennen lassen. So liegt für ein Unternehmen, das eine Internationalisierungsstrategie betreibt, die Aufteilung in Regionen nahe. Zu Beginn der Internationalisierung kann es jedoch vorteilhaft sein, alle Auslandsaktivitäten zunächst in einer gemeinsamen internationalen Division zusammenzufassen. Unternehmen müssen also ihre Organisationsform ständig prüfen und veränderten Strategien und Rahmenbedingungen anpassen.

- Die Dezentralisierung und die damit verbundene Entscheidungsbefugnis muss gerade in den unteren Unternehmensebenen spürbar sein: Es steigert die Motivation der Mitarbeiter ungemein, wenn sie in ihrem unmittelbaren Arbeitsumfeld Verantwortung für in sich geschlossene Prozessschritte übernehmen können und eine direkte Rückmeldung zum Ergebnis ihrer Arbeit erhalten. Dezentrale Einheiten sollten dabei mindestens so groß sein, dass sie Ergebnisverantwortung wahrnehmen können.

- Dezentrale Divisionen, die über spezielles Know-how verfügen, das für andere Einheiten oder das Gesamtunternehmen relevant sein könnte, sollten die Funktion eines „Centers of excellence" wahrnehmen. Dies ist besonders dann sinnvoll, wenn in einem Land eine besonders ausgeprägte Kompetenz vorhanden ist, wie zum Beispiel in den USA die Kenntnis über Produkttrends. Im Sinne des „Lead-Country-Konzepts" entwickelt dann eine Ländergesellschaft das Marketing für die Gruppe, eine andere Gesellschaft kümmert sich um den Einkauf usw. Dieser Ansatz entspricht der Idee des integrierten Netzwerks. Er lässt sich jedoch auch auf eine divisionale Struktur übertragen.

- Die dezentralen Manager sollten in die Führung des Gesamtunternehmens integriert werden. Das kann zum Beispiel über Group Executive Committees erfolgen. Die Unternehmensleitung profitiert davon, denn sie wird direkt über die Lage in den Einheiten informiert und kann bei Bedarf steuernd eingreifen. Die Divisionsleiter wiederum können ihre Tätigkeit besser in die strategische Gesamtausrichtung des Unternehmens einordnen und gegebenenfalls Einfluss auf die Gesamtstrategie nehmen.

- Dezentrale Einheiten müssen sich auf ihre unternehmerischen Kernaufgaben konzentrieren, wie zum Beispiel Marketing, Vertrieb, Produktion und Entwicklung. Administrative Funktionen dagegen sollten weitestgehend aus den dezentralen Einheiten herausgenommen werden. Dank der inzwischen ausgesprochen leistungsfähigen IT-Systeme ist eine solche Bündelung administrativer Funktionen gut durchführbar. Voraussetzung dafür ist allerdings die unvermeidliche Standardisierung von Prozessen und Systemen. Gerade bei Unternehmen, die ohne zentrale Koordinierung dezentralisiert haben, kann dies Schwerstarbeit bedeuten, denn hier findet sich oft eine Vielzahl unterschiedlichster Software, Organisationsroutinen usw., die sich nur mit erheblichem Kraftaufwand vereinheitlichen lassen.

- Organisatorisch lassen sich administrative Funktionen am besten in einem zentralen Corporate Service Center zusammenfassen, das für alle dezentralen Unternehmenseinheiten zuständig ist. Überall dort, wo der Markt bei gleicher Qualität preiswertere Lösungen anbietet, können von dieser Basis aus dann auch Service-Funktionen ausgelagert werden. Dies läuft heute – wie wir bereits in Kapitel 2 beschrieben haben – oft auf Offshoring hinaus, denn mittlerweile beherrschen die Offshoring-Anbieter auch die Bearbeitung höherwertiger administrativer Dienstleistungen, etwa im Bereich Personal oder Rechnungswesen. Unternehmen in Westeuropa bieten sich hier mit den neu zur EU hinzugekommenen osteuropäischen Ländern attraktive Offshoring-Potenziale mit großen Chancen. Einer Studie zufolge, die Roland Berger

Strategy Consultants gemeinsam mit der UNCTAD durchgeführt hat, lassen sich mit Service-Offshoring erhebliche Einsparungen erzielen und in vielen Fällen sogar die Qualität der Leistung steigern. Über 80% der befragten europäischen Unternehmen bewerten Offshoring-Projekte als „erfolgreich" oder „sehr erfolgreich", sie konnten ihre Kosten um 20-40% senken. Dies haben erst die deutlich gesunkenen Transaktionskosten bewerkstelligt, deren Rückgang ganz wesentlich zur steigenden Attraktivität des Offshoring beigetragen hat. So liegen die Kommunikationskosten heute erheblich niedriger als noch vor einigen Jahren. Andernfalls wäre der Austausch großer Produktionsdaten überhaupt nicht möglich. Auch die Kosten für Logistik oder Zollgebühren sind stark gesunken (siehe auch Abbildung 10 in Kapitel 2).

Natürlich hängt der optimale Grad der Dezentralisierung auch von der Branche ab, zu der das Unternehmen gehört. Doch selbst in Industrien, in denen weltweit überwiegend die gleichen, standardisierten Produkte angeboten werden – wie zum Beispiel im Fast-Food-Sektor oder in der Unterhaltungselektronik –, ist es sinnvoll, dem Management vor Ort Freiheitsgrade einzuräumen, etwa um regionale Medienkampagnen zu entwickeln und durchzuführen.

Dezentrale Strukturen als Basis des Parallelkurses und Grundlage der Vertrauensorganisation

Zum Abschluss dieses Kapitels wollen wir auf zwei Schlüsselbotschaften unseres Buches zurückkommen. Erstens: Dezentralität fördert unser Credo der Parallelität von Wachstum und Kostensenkung. Denn in einem dezentralen Unternehmen lässt sich ein erfolgreiches Portfoliomanagement leichter durchführen. Neben dem Kauf und der Desinvestition von Unternehmen und Unternehmensteilen bedeutet das: Die Unternehmensführung kann genau definierten Geschäftseinheiten vorgeben, sich auf Wachstum zu fokussieren, und bei anderen Geschäftseinheiten Effizienzziele in den Vordergrund stellen. Die Erfolgskontrolle einer solchen Strategie ist auf Grund der Ergebnisverantwortung in einem dezentralen Unternehmen vergleichsweise leicht möglich. In einem zentralen Unternehmen sind dagegen Widerstände zu erwarten, wenn eine Abteilung sparen soll, während in einer anderen Abteilung Personal aufgebaut wird.

Zweitens: Ob ein Unternehmen einen profitablen Wachstumskurs einschlagen bzw. halten kann, hängt zum einen von seiner Wachstumsfähigkeit ab, zum anderen von seiner Wachstumsbereitschaft. Beides kann sich nur auf der Grundlage der richtigen Organisationsstruktur entwickeln. Die von uns favorisierte Struktur der dezentralen Einheiten mit zentralen Elementen ermöglicht nicht nur Schnelligkeit und Flexibilität einer Organisation. Sie wirkt sich darüber hinaus positiv auf die Kultur – und damit auf die Wachstumsbereitschaft eines Unternehmens – aus, weil sie das unternehmerische Handeln von Führungskräften und Mitarbeitern fördert. Indem sie die Bedingungen für Transparenz und Kommunikation verbessert, leistet sie auch einen entscheidenden Beitrag zur Etablierung einer Vertrauenskultur im Unternehmen. Die Stärken des Konzepts der Vertrauensorganisation und die Hebel zu seiner Implementierung sind das Thema des folgenden Kapitels.

4. Die Vertrauensorganisation – ein neues Führungsmodell für mehr Wachstum und Effizienz

Auf einen Blick:
Ob ein Unternehmen einen profitablen Wachstumskurs einschlagen und diesen erfolgreich managen kann, hängt von zwei Voraussetzungen ab: der Wachstumsfähigkeit und der Wachstumsbereitschaft. Wachstumsfähig sind Unternehmen, die über ausreichend Liquidität und geeignete Strukturen verfügen. Wachstumsbereit sind Unternehmen mit einer Kultur, deren Werte das Management und die Mitarbeiter anspornen, ihr Können motiviert für die Ziele der Organisation einzusetzen. Den optimalen Nährboden für diese Synthese aus Wachstumsfähigkeit und -bereitschaft bietet die Vertrauensorganisation. Sie ist am besten geeignet, um Mitarbeiter für die Parallelstrategie aus Wachstum und Effizienzsteigerung zu motivieren und zu mobilisieren. Wir stellen die Stärken dieses Wachstumskonzepts, seine zentralen Aktionsfelder sowie die wichtigsten Hebel seiner Implementierung vor.

Vertrauen zwischen Anspruch und Wirklichkeit

Das wichtigste Wachstumskapital eines Unternehmens ist Vertrauen – die Erwartungen kommen hier aus jeder nur denkbaren Richtung: Die Kunden wollen sich beispielsweise auf die Qualität der Angebote verlassen können, die Investoren auf die Korrektheit der betriebswirtschaftlichen Ergebnisse und Risikoabschätzungen, die Mitarbeiter auf die Sicherheit ihres Arbeitsplatzes und einen fairen Umgang, die Lieferanten auf die Stabilität der Geschäftsbeziehung und korrekte, termingerechte Bezahlung. Die makroökonomische Gemeinschaft wünscht dauerhafte Investitionen, umweltgerechte Produktion oder Steuerflüsse. Die exemplarischen Stichworte, Teil einer sehr viel umfassenderen und individuell variierenden Liste, lassen erkennen, dass jeder Adressat der Vertrauensorganisation eigene Erwartungen an ein Unternehmen hegt, deren Erfüllung sein Vertrauen begründet und immer wieder erneut bestärkt (siehe Abbildung 16). Das Unternehmen braucht dieses Vertrauen, es ist die Grundlage seiner Möglichkeit, Geschäfte zu tätigen, Investitionskapital und motivierte Mitarbeiter zu bekommen oder verlässliche Lieferantenbeziehungen zu haben.

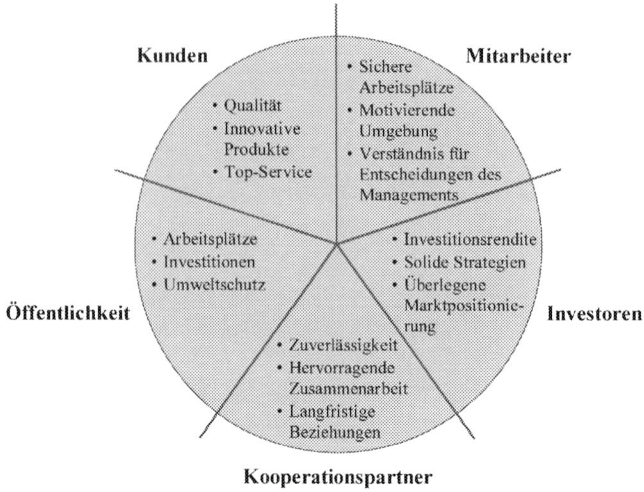

Abb. 16: Die Adressaten einer Vertrauensorganisation

Aber gerade am Vertrauen scheint es oft zu mangeln: Unternehmensskandale haben das Vertrauen ebenso erschüttert wie schlechter Service. Mitarbeiter fühlen sich von Unternehmensleitungen getäuscht, die Verrohung der Zahlungsmoral wird beklagt. Kommunen fühlen sich oft nicht mehr als Gesprächspartner von Firmen denn vielmehr als Erpresste. Eine Umfrage des World Economic Forum im Herbst 2002 förderte zutage, dass 49% der Deutschen zwar Regierungsmitgliedern der EU-Staaten trauen, aber nur 23% der Managerklasse. 63% der Befragten geben an, dass sich ihr Vertrauen während des vorausgegangenen Jahres verringert hat (vgl. Abbildung 37 im Kapitel „Die makroökonomische Perspektive“). Oder es klagen in Deutschland 88% der Arbeitnehmer über Schwierigkeiten mit ihrem (Ex-) Vorgesetzten, bei 20% geht die Antipathie so weit, dass sie ihren Chef „hassen“. Ebenso alarmierend: Lediglich 12% der Beschäftigten bezeichnen sich als „engagiert“ am Arbeitsplatz. Der Rest, so der Umkehrschluss, macht Dienst nach Vorschrift (Die Zeit, Nr. 45/2004).

Natürlich, die Bandbreite des Ver- und Misstrauens ist groß: Ein geplatzter Scheck oder die Fälschung der Bilanzen (erinnern wir uns an die Fälle Enron, WorldCom, Flowtex) haben eine andere Dimension als ein etwas ruppiger Service, und dieser wiederum liegt auf einer anderen Ebene als die schlechte Kommunikationsstrategie eines Unternehmens angesichts einer schwierigen Geschäftssituation. Indes, in der offenen Kommunikationsgesellschaft entfalten alle diese Negativfälle eine große Wirkung. Medien und Internet-Communities bringen jeden Fall vor die globale Öffentlichkeit. Die Maßstäbe verwischen dabei oft. Und wurden früher Geschäftszahlen von einer kleinen Gemeinschaft von Fachleuten rezipiert, so gehen sie heute eine Liaison ein mit Berichten der Verbraucherschützer über maue Produktqualität. Am Ende lesen alle früher getrennten Gruppen alles – zudem erhält jeder alle Informationen in kürzester Zeit. Das Lamento, dass es so ist, hilft freilich wenig: Die Rahmenbedingungen und die Erwartungen haben sich den Mitteln und Möglichkeiten angepasst, und deshalb müssen sich die Firmen ändern.

Die strategisch beste Reaktion darauf ist unserer Ansicht nach die Vertrauensorganisation. Sie ist ein Führungsmodell, das die Erwartungen aufnimmt und mit einem konsistenten Gesamtentwurf beantwortet. Dieser bietet eine Reihe von ganz konkreten Vorzügen:

- Das Führungsmodell ist nicht reaktiv, das heißt, es erschöpft sich nicht in (potenziell unabgestimmten) Einzelaktivitäten immer dort, wo gerade ein neues Vertrauensproblem auftritt. Es ist proaktiv, indem es einen Mindeststandard schafft, der offen kommuniziert wird und damit Verlässlichkeit für alle Arten von Beziehungen eines Unternehmens schafft.
- Das Modell schafft einen ganzheitlichen Ansatz zur Lösung des Vertrauensproblems. Es überzeugt, indem es alle Beteiligten verpflichtet – die Glaubwürdigkeitsfalle, in die man mit rein kosmetischen oder bloß kommunikativen Vorgehensweisen früher oder später kommt, bildet keine Gefahrenquelle mehr.
- Es verändert die gesamte Organisation in die relevante Richtung, nämlich hin zum Zielpunkt Wachstumsbereitschaft. Da Wachsen nur über Vertrauen geht, ist es das Beste, konsequent die eigene Vertrauenswürdigkeit in den Mittelpunkt zu stellen und alle Aktivitäten daran auszurichten.

Der wesentliche Vorzug einer Vertrauensorganisation liegt aber in dem Umstand, dass vertrauensvolles Handeln latent bestehendes Vertrauen aktiviert und stabilisiert und dieses als Grundlage für neues, vertrauensbegründendes Handeln wirkt. Vertrauen startet also einen dauerhaften Prozess sich selbst wiederholender Verstärkungen. Einer der großen Vorzüge dabei ist, dass Vertrauen im Prozess des Handelns nicht zu quantifizieren ist: Es gibt nicht eine bestimmte „Menge", die eingetauscht wird. Vertrauen ist demzufolge eine Art Schmierstoff, der marktlich ausgerichtete Organisationsprozesse mit einem bewusst nicht-marktlichen Element anreichert – wobei dies natürlich auch eine Herausforderung darstellt: Gerade weil eine Quantifizierung nicht möglich ist („Ich schieße dir x Einheiten Vertrauen vor und hoffe, dafür einen Return von y Einheiten zu erhalten"), kämpfen viele Führungskräfte mit dem (vermeintlich) weichen Element. Eine wesentliche Einsicht der letzten Jahre aber ist: Nicht allein die harten Faktoren sind für das Wachstum maßgeblich; auch das, was man früher als „soft factor" bezeichnet hat, erweist sich in der Realität als harte Determinante für den Erfolg. Meistens bewirkt diese sogar mehr als die messbaren Indikatoren.

Gerade weil sich die Gefühlskomponente des Vertrauens der unmittelbaren Steuerung entzieht, das Gefühl Vertrauen selbst sich nicht managen lässt, besteht die wesentliche Führungsaufgabe darin, organisatorische Rahmenbedingungen zu schaffen, die eine vertrauensvolle Kooperation ermöglichen und fördern. Ehe wir auf diese Elemente zu sprechen kommen, werden wir im nächsten Abschnitt die Stärken der Vertrauensorganisation herausarbeiten.

Die Stärken der Vertrauensorganisation

Bei der Umsetzung der Parallelstrategie von Expansion und Effizienzsteigerung kommt es entscheidend auf kulturelle Aspekte an, denn Wachstum ist primär eine Frage der Einstellung – sowohl auf Seiten des Managements als auch auf Seiten der Belegschaft. Wenn die Mentalität der Unternehmensakteure derart gestrickt ist, dass sie zum Wachstumsziel getragen werden müssen statt darauf zuzustürmen, wird ein Unternehmen immer hinter den eigenen Entwicklungsmöglichkeiten zurückbleiben: Ohne Wachstumsbereitschaft kein Wachstum. Die Wachstumsbereitschaft einer Organisation entsteht in den Köpfen ihrer Mitglieder – Unternehmen müssen also ein Umfeld schaffen, das Mitarbeiter qualifiziert und motiviert, anspruchsvolle Ziele engagiert zu verfolgen. Ehrgeiz, Commitment und Spaß am Wettbewerb in Verbindung mit Integrität und Fairness sind die Charakterzüge einer Unternehmenskultur, die ihre Mitglieder zu Höchstleistungen anspornt.

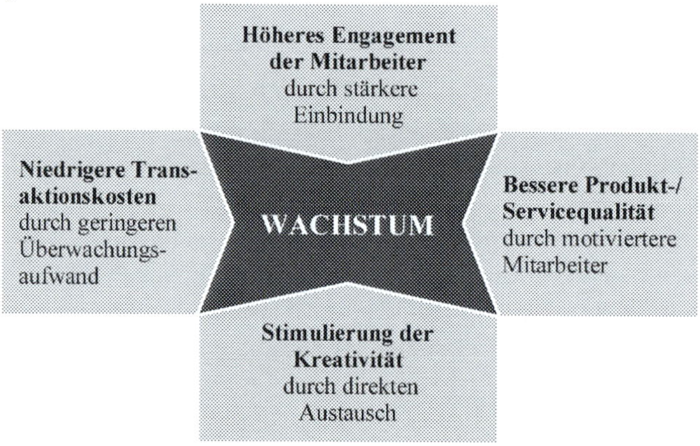

Abb. 17: Die Vorzüge der Vertrauensorganisation

Als optimalen Nährboden einer solchen wachstumsfördernden Kultur verstehen wir das Konzept der Vertrauensorganisation. Da sie gleichzeitig auf spezifische Interessen externer Stakeholder antwortet, bietet sie einen ganzheitlichen Ansatz, der eine balancierte Synthese von „harten" und „weichen" Faktoren anstrebt. Vier Elemente haben wir als tragend identifiziert (siehe Abbildung 17):

- *Stärkeres Engagement der Mitarbeiter:* Vertrauensorganis das Engagement der Mitarbeiter. Mitarbeiter wollen wi: Richtung sich das Unternehmen entwickelt und welchen B nen erwartet. Vertrauensorganisationen erzeugen eine Atmosphäre, in der sich die Mitarbeiter mit ihrem Unternehmen identifizieren. Wer sich informiert und eingebunden fühlt, engagiert sich stärker, hat eine höhere Lernbereitschaft und ist zufriedener mit seiner Arbeit. Und er ist, falls nötig, auch bereit Mehrarbeit zu leisten. Fehlt dagegen eine derartige Einbindung, ist es verständlich, dass die Motivation dazu gering ist.

- *Höhere Qualität:* Der Glaube an die Leistungsbereitschaft und -fähigkeit der Beschäftigten zahlt sich in der Regel aus. Hier gilt das Prinzip der „selffulfilling prophecy" – wer Vertrauen in das Können und Wollen der Mitarbeiter setzt, dessen Erwartungen werden in der Regel gerechtfertigt. Die positive Erwartungshaltung wirkt als Ansporn, der – um entsprechende Incentivierungsmechanismen ergänzt – eine motivierende Wirkung entfaltet. Insofern fördert die Vertrauensorganisation die *Qualität* der Arbeit und damit der Produkte eines Unternehmens. Ein hohes Qualitätsniveau ist ein entscheidender Faktor für den Erfolg am Markt. Um es zu erreichen bzw. zu halten, ist das Prinzip Vertrauen das beste Mittel. Ex-post-Qualitätskontrollen allein vermögen allenfalls Mängel zu entdecken. Qualitätssprünge stellen sich dann ein, wenn die Mannschaft motiviert ist, eine Qualitätsidee zu leben.

- *Niedrigere Transaktionskosten:* Vertrauen lohnt sich auch in der Hinsicht, dass weniger Kontroll- und Überwachungsaufwand betrieben werden muss. Beruht die Einhaltung von Vereinbarungen innerhalb des Unternehmens sowie in Beziehungen zu externen Partnern auf Vertrauen, hat die Organisation Vorteile bezüglich Effizienz und Kosten. Eine von Misstrauen geprägte Kultur dagegen raubt zwei knappe Ressourcen: Zeit und Geld. In einem von genereller Skepsis beherrschten Umfeld wird viel Energie in Absicherungsmechanismen investiert: Ordner voller Aktennotizen zur schriftlichen Dokumentation von Entscheidungsprozessen füllen die Regale; der Vorgesetzte lässt sich prinzipiell alle E-Mails seiner Mitarbeiter „cc" schicken – Beispiele für die Auswüchse von Misstrauensorganisationen ließen sich noch in beliebiger Zahl ergänzen. In einer auf Vertrauen basierenden Organisation hingegen lassen sich Entscheidungen häufig schnell und unkompliziert treffen.

- *Stimulierung der Kreativität:* Vertrauensorganisationen weisen optimale Voraussetzungen für eine Innovationskultur auf (vgl. dazu auch Kapitel 5). Kreativität kann nur dort entstehen und freigesetzt werden, wo Mitarbeiter ihre Ideen im offenen und direkten Austausch formulieren und einbringen können – ohne dabei Gefahr zu laufen, dass Kollegen oder Vorgesetzte sich mit fremden Federn schmücken, oder mit unkonventionellen Vorschlägen sofort auf Widerstand und Ablehnung zu stoßen. Vertrauen ist insofern eine zwingende Voraussetzung für Wissenstransfer und -management. So genannte Misstrauenskulturen haben eine extrem kontraproduktive Wirkung auf die Innovationsfähigkeit von Unternehmen, weshalb sie berechtigterweise kritisiert werden. Oft liegt es in der Kultur begründet, wenn es an Innovationskraft fehlt oder die Flexibilität unzureichend ist.

Kurz gesagt: Das Vertrauensfundament verbessert die gesamte Organisation im Hinblick auf alle ihre Beziehungen nach innen wie nach außen. Sie ist eine, wenn nicht *die* Triebfeder für die Bereitschaft zum Wachstum und verbessert gleichzeitig die Fähigkeit einer Organisation, Wachstumsstrategien zu identifizieren und umzusetzen. Mit anderen Worten, sie integriert harte wie weiche Faktoren konzeptionell. Auch Manager kennen die positiven Wirkungen eines vertrauensbasierten Umgangs im Unternehmen: In einer Umfrage, die wir im Rahmen unserer Studie „Zum Wachstum führen" im Jahr 2004 unter Vorstandsmitgliedern durchgeführt haben, rangieren Faktoren wie eine gelebte Kultur, proaktive Information oder physische Präsenz des Managements bei den Mitarbeitern gleich hinter dem wichtigsten Faktor „starkes Kundenverständnis". Im nächsten Schritt erläutern wir, wie eine Vertrauensorganisation aufzubauen ist. Dabei stellen wir die vier Kernelemente der Vertrauensorganisation vor.

Eine Vertrauensorganisation aufbauen

Vertrauen gibt sich in hohem Maße über Erwartungen zu erkennen: Ist mein Gegenüber fähig oder willens, seine vertraglichen Verpflichtungen zu erfüllen? Leistet das erworbene Produkt das, was es verspricht? Kann das Unternehmen, in das ich investiere, seine Strategie erfolgreich verwirklichen? Wie sind meine Karriereperspektiven, wenn ich mich meinem Vorgesetzten in einem Konflikt anvertraue? Wird mein Arbeitgeber das Kostensenkungsprogramm so umsetzen, wie er es kommuniziert hat, oder drohen mehr Arbeitsplatzverluste als zunächst angekündigt?

Vertrauen entsteht also sukzessive, indem sich positive Erwartungen erfüllen, mehr aber noch, indem sich negative Erwartungen nicht bestätigen.

Wie gelingt es einem Unternehmen also, dieses Vertrauen in seinen vielen Ausprägungen zu schaffen? Es kann den Vertrauensvorschuss, den es anfangs erhält, in echtes Vertrauen umwandeln, indem es sich als vertrauenswürdig erweist. Dazu muss es „die richtigen Dinge tun" („doing the right things") und „die Dinge in der richtigen Weise tun" („doing things right"). „Doing the right things" richtet sich auf die Erwartung, dass das Angebotsspektrum eines Unternehmens erfolgversprechend ist. „Doing things right" ist auf zwei Ebenen möglich (siehe Abbildung 18):

- Auf der *persönlichen und strategischen Ebene*: Das Unternehmen erfüllt die Erwartungen seiner *Stakeholder* an die Menschen, die Führungspositionen innehaben und die Geschicke des Unternehmens leiten. Es geht um das Vertrauen in die Leistungsfähigkeit und Gerechtigkeit der Führungskräfte (personales Vertrauen). Zum anderen erfüllt es das Vertrauen, dass ihm die Umsetzung der Strategien und Wachstumsziele gelingt (strategisches Vertrauen).

- Auf der *organisatorischen Ebene*: Das Unternehmen erfüllt die Erwartungen seiner Stakeholder, etwa dass Konflikte fair geregelt werden, dass Verträge und Regularien eingehalten werden, dass man schnell und umfassend über Entwicklungen informiert wird etc.

Nur wenn beide Ebenen gleichermaßen berücksichtigt werden, sind die Stakeholder bereit, ihr zunächst nur vorgeschossenes Vertrauen nach und nach in echtes Vertrauen umzuwandeln. An diesem Punkt beginnt die Vertrauensorganisation zu leben – und zu wirken.

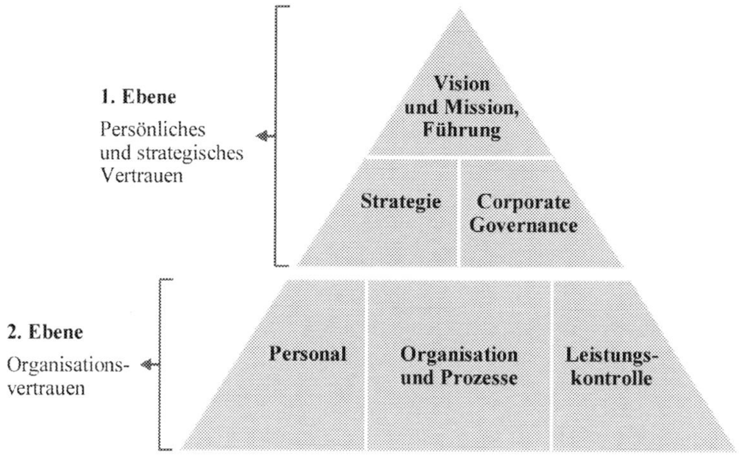

Abb. 18: Die zwei Ebenen der Vertrauensorganisation

Wir gehen im Kapitel zum Change Management ausführlich darauf ein, wie ein Unternehmen sich zur Vertrauensorganisation wandeln kann. An dieser Stelle schildern wir, welche Elemente eine Vertrauensorganisation ausmachen. Im Einzelnen sind dies:

- Exzellente, leistungsorientierte Führung
- Dezentrale Organisation
- Freiräume für Innovation
- Transparenz

Exzellente, leistungsorientierte Führung

Der Dreh- und Angelpunkt des Erfolgs einer auf Vertrauen gegründeten Organisation ist die Führung. Das primäre Vertrauen, gewissermaßen das „Urvertrauen“ der Mitarbeiter, aber auch der externen Partner und Beobachter des Unternehmens hängt vom Verhalten der Führungskräfte ab. Mit ihnen steht und fällt, ob eine Organisation als vertrauensbasiert anerkannt wird.

Die Gründe leuchten ein: Auf die Führungspersonen konzentriert sich die Aufmerksamkeit, und ihr Auftreten wird *pars pro toto* gesetzt. Wer stünde an der Spitze einer Organisation, wenn die Organisation nicht genau diese Person für geeignet hielte, sie an prominenter Stelle nach vorne zu bringen und zu vertreten? Dies gilt für jede Ebene der Hierarchie, vom Teamleiter bis zum Vorstandsmitglied – der Blick richtet sich immer auf die jeweils nächstliegende relevante Stufe. Die Erkenntnis, dass echte Führungspersönlichkeiten ausschlaggebend für den Unternehmenserfolgt sind, ist auch das Ergebnis unserer bereits zitierten aktuellen Umfrage: 42% der Befragten geben an, dass Personen die entscheidenden Wachstumstreiber sind. Ihnen gegenüber liegen Kompetenzen (Prozesskompetenz, Relationship Management, Innovation) und systemische Faktoren (Strategie, effiziente IT-Systeme, Markenpflege) zurück. Die Botschaft: Ohne exzellente Führung kein Markterfolg!

Umso entscheidender ist es, dass die Führungskräfte ihre Rolle bestmöglich ausfüllen. Jeder, der Verantwortung trägt, muss sich daran messen lassen, ob er mit seinem vorgelebten und praktizierten Verhalten das Vertrauensziel erfüllt, ob er also zum Wachstumsziel beiträgt oder nicht.

Sechs Merkmale zeichnen eine vertrauenswürdige Führungskultur aus:

- *Hohe Glaubwürdigkeit:* Am Verhalten der Führungskräfte eines Unternehmens wird die Glaubwürdigkeit einer Unternehmenskultur gemessen. Sie haben Vorbildfunktion – im Guten sowie im Schlechten. Letztendlich geht es bei der Glaubwürdigkeit um ein einfaches Prinzip: „Meinen, was man sagt, und auch entsprechend handeln, sowie halten, was man verspricht“, wie es Friedmund Malik einmal ausgedrückt hat. Als Richtschnur dafür lässt sich auch der Kant'sche Imperativ bemühen: „Handle so, dass der Beweggrund deines Willens jederzeit als Grundsatz einer allgemeinen Gesetzgebung gelten könnte.“ Von der philosophischen Ebene heruntergebrochen bedeutet dies: Ein Vorgesetzter kann von seinen Mitarbeitern nur die Leistungen bzw. das Verhalten verlangen, die er selbst an den Tag legt. Die dadurch entstandene Vertrauensbasis gewährleistet eine bessere Nachvollziehbarkeit von Führungsentscheidungen, denn rationale Argumente werden in der Regel besser verstanden und akzeptiert, wenn das Vertrauensfundament zwischen Management und Mitarbeitern intakt ist.

- *Ausgeprägte und faire Leistungsorientierung, transparente Maßstäbe:* Leistungsorientierte Führung gibt anspruchsvolle Ziele vor und kommuniziert klar den Grad der Zielerreichung. Dabei darf sich die Wertschätzung des Leistungsprinzips nicht in Rhetorik erschöpfen. Mitarbeiter müssen in praxi erleben: Es lohnt sich – materiell und ideell –, wenn man sich mit Sachverstand und Engagement für die Ziele des Unternehmens einsetzt. Dazu gehört auch die Erfahrung bzw. Beobachtung, dass es für die Karriereentwicklung ausschließlich auf Kompetenz und Leistung ankommt, nicht auf das „Vitamin B".

- *Realistische, aber ambitionierte Ziele:* Einfache Ziele und unerreichbare Ziele haben eines gemeinsam – sie sind Gift für die Motivation und verlieren damit ihre positive Wirkung als Führungsinstrument. Voraussetzung für das Setzen realistischer Ziele ist eine klare Einschätzung der tatsächlichen Leistungsfähigkeit der Mitarbeiter. Nur auf dieser Basis lassen sich ‚stretched goals' vereinbaren, die den Ehrgeiz der Mitarbeiter wecken und sie zu Bestleistungen anspornen.

- *Erkennbare Kontinuität:* Die Verhaltensmuster und Vorgehensweise des Unternehmens beruhen auf definierten Werten und einer erkennbaren Kultur. Diese setzen den Mitarbeitern einen klaren Orientierungsrahmen für die Gestaltung des eigenen Aufgabenbereichs und für ihre persönliche Entwicklung. Kontinuität trägt auch dazu bei, die Ziele des Unternehmens nachvollziehbar zu machen. Dies ist eine wesentliche Voraussetzung dafür, dass sich Mitarbeiter für diese Ziele engagieren.

- *Individuelle Unterstützung:* Es müssen die Prinzipien eines befähigenden Führungsstils gelten. Die Eigenständigkeit der Mitarbeiter ist gefragt, gleichzeitig werden die Beschäftigten durch die individuelle Förderung ihrer Fähigkeiten in die Lage versetzt, Aufgaben selbstständig zu erledigen und Entscheidungen zu treffen. Gestalterische Freiräume ermöglichen den Mitarbeitern, ihr Potenzial und ihre Kreativität zu entfalten.

- *Breite Beteiligung:* Die Mitarbeiter so weit wie möglich in wichtige Entscheidungsprozesse einzubinden, ist eine wichtige Voraussetzung, um eine Vertrauenskultur mit Leben zu erfüllen und weiterzuentwickeln. Partizipation hat erwiesenermaßen positive Effekte auf die Arbeitszufriedenheit und damit auf die Motivation der Beschäftigten. Die Wahrscheinlichkeit der Identifikation mit den Zielen des Unternehmens steigt, je größer die Möglichkeit der Mitarbeiter zur Mitgestaltung ist. Außerdem begünstigt Partizipation die Transparenz von Entscheidungsprozessen in einem Unternehmen. Insofern hat die Partizipation große Relevanz bei der Vertrauensbildung. Geheime Zirkel oder ‚old boys networks', die die entscheidenden unternehmenspolitischen Themen unter sich ausmachen, darf es nicht geben.

Entscheidend für Führungskräfte ist stets – und besonders im Konfliktfall – ihre Authentizität. Solange bei den Mitarbeitern nicht der Eindruck entsteht, dass ein bestimmtes Verhalten den Grundsätzen zuwiderläuft und dennoch nicht sanktioniert wird, sind sie kooperationsbereit, zumal wenn die Organisation einen Kodex für die Konfliktlösung bereithält. Die positive Konfliktlösung ist sogar vertrauensfördernd, weil sie demonstriert, dass Regelungsmechanismen existieren und ernst genommen werden.

Vertrauenswürdigkeit setzt auch physische Präsenz voraus. Nur wenn die Führungskräfte innerhalb eines Unternehmens greif- und erlebbar sind, wenn sie ihre Strategien und Ziele persönlich vermitteln, können sie ihre Mitarbeiter dazu motivieren, zum Wachstum beizutragen. Allerdings lautet die Bedingung für den Erfolg solcher Kommunikationsprozesse, dass auch wirklich Substanzielles mitgeteilt wird, dass also z.B. ein klares Wachstumsziel formuliert wird und die einzelnen Schritte auf dem Weg dahin eindeutig dargestellt werden. Mitarbeiter merken schnell, wenn die Führung selbst nicht genau weiß, wohin die Reise geht. Und dann bröckelt das Vertrauen.

Noch ein Wort zur Zielsetzung: Die von der Unternehmensführung gesetzten und kommunizierten Ziele wirken in zweierlei Richtung: nach innen und nach außen. Nach innen dienen sie dazu, die Mitarbeiter zu motivieren und den Erfolg der unternehmerischen Anstrengungen zu messen. Nur mit klar vorgegebenen Zielen sind die Mitarbeiter in der Lage, ihre Ergebnisverantwortung wahrzunehmen und können nur so fair incentiviert werden. In der Außenwirkung sind Ziele und der Grad ihrer Erreichung in erster Linie Maßstab für die Bewertung von Investoren, Analysten und Kunden. Investoren und Analysten orientieren ihre Einschätzung bezüglich der Unternehmensentwicklung in starkem Maße daran, inwieweit es dem Unternehmen gelungen ist, seine selbstgesetzten Ziele zu erreichen. So kann selbst ein hoher Gewinn zur Enttäuschung führen, wenn das Unternehmen zuvor einen noch höheren Gewinn prognostiziert hatte. Ein solcher, in der Praxis häufig vorkommender Fall darf keineswegs dazu verleiten, Ziele weniger ambitioniert zu formulieren, nur um dann bei den Analysten zu punkten. Die Motivation der Mitarbeiter sollte in jedem Fall Vorrang vor der Einschätzung der Analysten haben. Und ebenso darf die Möglichkeit, dass man ein Ziel verfehlen kann, nicht dazu führen, nach außen weniger ambitionierte Ziele zu verkünden als nach innen. Es gehört zu einer professionellen Kommunikation, dass man nach innen und außen identische Ziele verkündet – wir kommen hierauf später in diesem Kapitel noch einmal unter dem Stichwort der Transparenz zurück.

Exkurs: Wie Outperformer führen – ein Blick in die Praxis

Fragen nach der optimalen Führung waren auch Gegenstand unserer Interviews für die Studie „Zum Wachstum führen“. Wir wollten wissen: Mit welchen Instrumenten arbeiten die Unternehmen, und wie sind ihre Erfahrungen?

Ein wichtiges, quer durch alle Branchen verbreitetes Führungsinstrument sind Zielvereinbarungen (Management by Objectives – MbO). Ein Ergebnis unserer Untersuchung war, dass die überdurchschnittlich erfolgreichen Unternehmen auf der MbO-Klaviatur offenbar besser spielen als andere. Insgesamt verfehlten nämlich 78% der befragten Unternehmen die selbst gesteckten Ziele – ein klares Indiz dafür, dass beim Prozess der Zielsetzung wohl einiges im Argen liegt. Betrachtet man die Outperformer, die im Umsatz und Gewinn überdurchschnittlich zulegen und bei denen der Gewinn schneller wächst als der Umsatz, fallen beim Umgang mit Zielvorgaben Gemeinsamkeiten auf, die maßgeblich für den Erfolg verantwortlich sein dürften:

- Bei der Festlegung der Ziele zeigen Outperformer Flexibilität, weil sie nicht auf starr fixierte Zielgrößen, sondern auf Bandbreiten setzen. Zielpunkte, zum Beispiel exakt festgelegte Budgets oder Verkaufszahlen, bergen ein größeres Risiko, die Mitarbeiter zu frustrieren: Eine Punktlandung gelingt nämlich nur selten.
- Die Outperformer unter den von uns befragten Unternehmen leiten ihre Ziele nicht ausschließlich zahlenorientiert ab, sondern eher kreativ-unternehmerisch. Bei ihnen fließen nicht nur Zahlen und Analysen in die Entscheidung ein, sondern auch Erfahrung, Risikobereitschaft und Kreativität. Intuition und Ratio der Manager gehen bei den Spitzenunternehmen erfolgreich Hand in Hand.
- Outperformer beherzigen die Prinzipien der Vertrauensorganisation – sie verzichten auf harte Sanktionen, wenn Ziele verfehlt werden. Auch überdurchschnittlich wachsende Unternehmen sind nicht gegen Fehlschläge gefeit. Sie unterscheiden sich aber im Umgang damit. Diejenigen Unternehmen – so das Ergebnis unserer Untersuchung –, die durch überdurchschnittliche Zuwachsraten bei Umsatz und Gewinn glänzen, sanktionieren signifikant schwächer als die Mehrheit der befragten Unternehmen. Die Empirie bestätigt also die Prinzipien der Vertrauensorganisation und stellt ihr ein gutes Zeugnis aus: Schwache Sanktionierung bei der Verfehlung von Zielen beeinflusst die Performance eines Unternehmens positiv.

Der Erfolg gibt den Outperformern Recht: Sie erreichen oder übertreffen ihre Wachstumsziele, während die anderen Unternehmen häufig hinter ihren Ansprüchen zurückbleiben.

Dezentrale Organisation

Wie bereits im vorangegangenen Kapitel geschrieben, müssen wir uns von dem verbreiteten Paradigma lösen, dass zentrale Organisationen die größten Vorteile bieten. Vertrauensorganisationen sind das Modell der Zukunft – sie setzen aber dezentrale Strukturen voraus.

Vertrauen entsteht im Unternehmen durch den direkten Kontakt von Mitarbeitern untereinander und mit ihren Führungskräften – im externen Verhältnis durch den Kontakt mit den Stakeholdern des Unternehmens. Es ist offensichtlich, dass diese Kontakte in einem dezentral organisierten Unternehmen leichter zustande kommen und enger sind als in einem großen, zentral geführten Unternehmen: In kleinen Einheiten lässt sich eine vertrauensvolle Kultur besser erfahren. Und hier existieren auch die Voraussetzungen, um Wachstum und operative *excellence* gleichzeitig zu realisieren: Geschäftseinheiten, die marktnah operieren, kennen die Bedürfnisse ihrer Kunden genau und können Ressourcen optimal einsetzen. Innovationen entstehen „vor Ort“. Informations- und Entscheidungswege sind kurz, und Prozesse sind flexibler an geänderte Rahmenbedingungen anpassbar, da sie kompakter sind.

Wachstumsstärke gewinnt jedoch nur das Unternehmen, das seine dezentralen Einheiten mit den nötigen Vollmachten ausstattet. Wer Vertrauen schenkt, wird Wachstum ernten. Geschäftseinheiten werden dann nicht mehr nach engen Kennzahlen gesteuert, sondern mit Zielvorgaben. Wie die Einheiten diese Vorgaben erreichen, liegt in ihrer Verantwortung. Das ermöglicht Freiräume ebenso wie eine leistungsorientierte Vergütung – beides motiviert das lokale Management und die Mitarbeiter.

Dezentrale Strukturen fördern Wachstum, wenn sie die Kostenvorteile der Zentralisierung bewahren können. Es kommt daher darauf an, zentrale und dezentrale Strukturelemente richtig zu mischen. Dezentrale Einheiten sollten sich auf ihre unternehmerischen Kernaufgaben in Marketing, Vertrieb, Produktion oder Entwicklung konzentrieren; administrative Aufgaben sollten konsequent herausgelöst und nach Möglichkeit in Corporate Service Centern zusammengefasst werden. Wo immer der Markt günstigere Leistungen anbietet, sollten interne Services konsequent ausgelagert werden.

Wo dezentrale Kompetenzzentren die Kernkompetenzen steuern, müssen sie durch harmonisierte Prozesse und Strukturen integriert sein. So sind beispielsweise die Manager der dezentralen Einheiten in die Entscheidungsfindung der Unternehmensleitung einzubinden, indem sie in einem vorstandsnahen Executive Committee oder einer anderen geeigneten Organisationseinheit mit hochrangiger Aufhängung vertreten sind.

Freiräume für Innovation

Innovationen sind die Quelle von überlegenem Wachstum und von überdurchschnittlichen Renditen. Wie aber schafft es ein Unternehmen, die Kreativität seiner Mitarbeiter freizusetzen und in marktreife Produkte zu kanalisieren?

Die Antwort lautet: durch Freiraum. Vertrauensorganisationen schaffen solche Freiräume. Sie fördern Neugierde und lassen den Zufall zu. Sie ermöglichen Job Rotation und ermutigen damit zu Flexibilität und zu der Auseinandersetzung mit Ungewohntem. So können Mitarbeiter ihre Fähigkeiten ausbauen und Neues entdecken. Wo immer möglich, tauschen sie sich mit Dritten aus, vertiefen ihre Ideen, messen sich aber auch an bereits Erreichtem.

Unsere Studien haben gezeigt, dass sich das Modell einer „free space organization“ am besten dazu eignet, Mitarbeiter zum Beschreiten neuer Wege zu motivieren. Diese kombiniert Freiheiten bei klar geregelten Verantwortlichkeiten mit der Belohnung von Erfolgen und motiviert dadurch die Mitarbeiter, ihre Aufgaben hochgradig unternehmerisch auszurichten. Die „free space organization“ schafft durch Spielräume die Voraussetzungen für eine Vertrauenskultur. Die Mitarbeiter können tatsächlich *erleben*, dass das Unternehmen ihnen vertraut und zutraut, die gemeinsamen Ziele zu erreichen.

Konzeptionell setzt sich die „free space organization“ aus folgenden Elementen zusammen:

- *Klar abgegrenzte Rollen und Verantwortlichkeiten* definieren den Handlungsspielraum, innerhalb dessen die Mitarbeiter unternehmerisch und innovativ agieren können.
- *Flexible Arbeitsbedingungen* geben Mitarbeitern oder Teams einen relativ autonomen Rahmen, in dem sie ihre Arbeitsleistung erbringen.
- *Ausreichende Ressourcen*, über deren Verwendung die Mitarbeiter frei entscheiden können („play money“), ermöglichen ihnen, ihren Freiraum für Experimente auch zu nutzen.
- *Ein incentivierendes Vergütungsmodell* belohnt individuelle Zielerfüllung, innovatives Denken und unternehmerische Orientierung.

Unabhängig davon, ob ein Unternehmen dem Modell der „free space organization“ folgt oder nicht, zeichnen sich Vertrauensorganisationen durch drei gemeinsame Ziele in der Personalarbeit aus. Zum einen geht es Vertrauensorganisationen darum, ihre Mitarbeiter zu befähigen und zu ermutigen. Dies gelingt vor allem durch eine partizipative Unternehmenskultur, die die Mitarbeiter auf die Unternehmensvision und ihre Rahmenbedingungen einschwört. In einer solchen Kultur fällt es leicht, den Mitarbeitern Freiräume zu gewähren, innerhalb derer sie über Zielvereinbarungen geführt werden. Zum anderen streben Vertrauensorganisationen danach, die Fähigkeiten ihrer Mitarbeiter bestmöglich zu nutzen. So erreichen sie zwei Ziele zugleich: die optimale Allokation der Ressourcen und die Befriedigung der Mitarbeitererwartungen mit Blick auf ihre Karriere. Zum dritten schließlich trägt die Personalarbeit die Verantwortung dafür, dass die Unternehmensstrategie an jedem Arbeitsplatz erkenn- und damit greifbar ist. So verstehen alle Mitarbeiter, wie sie innerhalb des großen Räderwerks zum gemeinsamen Erfolg beitragen.

Transparenz

Wachstumsstarke Unternehmen sind immer auch transparente Organisationen. Denn Transparenz erzeugt Vertrauen – und Vertrauen mobilisiert alle Kräfte. Die Transparenz eines Unternehmens zeigt sich vor allem in *vier Bereichen*:

- Breit verankerte Strategie- und Zielerarbeitung,
- klare Corporate Governance,
- offene Kommunikation über Leistung,
- schnelle, umfassende Information über relevante Ereignisse.

Mehr als jede andere Aufgabe eines Unternehmens ist die gemeinsame *Strategie- und Zielerarbeitung* dazu geeignet, die wesentlichen Momente einer Vertrauensorganisation (Partizipation, Transparenz und Eindeutigkeit) zu verwirklichen. Füllt die Organisation die Vision an dieser Stelle nicht mit Leben, indem sie möglichst viele Ebenen in die Strategiefindung einbezieht, wird sie es in der Folge schwer haben, ihren Ruf als vertrauensorientiertes Unternehmen zu bewahren.

Vertrauensorganisationen gehen auch bei der Strategiefindung neue Wege. Sie entwickeln ihre Strategie im Austausch zwischen dezentralen und zentralen Einheiten, d.h. sie verstehen ihren Strategieprozess als Projekt. Sie setzen nur wenige Ziele, quantifizieren diese aber konsequent. Vor allem aber wissen sie eines: Nicht nur Qualität und Inhalt entscheiden über den Erfolg oder Misserfolg einer Strategie, sondern vor allem auch, wie diese im Unternehmen verankert und gelebt wird.

Aktuelle Studien zeigen, dass die unternehmensinterne Kommunikation die wichtigste Rolle bei der Verankerung der Strategie im Unternehmen spielt. Kommunikation muss mehr sein als bloße Information. Sie muss Akzeptanz, Vertrauen und Engagement schaffen – durch Konsistenz, Glaubwürdigkeit und eine zielgruppengerechte Ansprache. Sie dient als Orientierungsmarke für die Mitarbeiter und muss intern Handlungsdruck erzeugen oder intensivieren. Nur so erreicht die Führung, dass die Mitarbeiter eine neue Strategie in ihr persönliches Zielsystem integrieren und sich dafür engagieren. Das bedeutet, dass alle internen Impulsgeber, Meinungsbildner und Multiplikatoren einbezogen werden müssen. Ein zielgruppengerechter Medienmix stellt eine effektive und effiziente Kommunikation im Unternehmen sicher.

Zusätzliches Vertrauen und Engagement zu Gunsten der Strategie entsteht, wenn die Mitarbeiter erkennen, dass das Unternehmen prüft, in welchem Maße die Strategie verwirklicht wird und inwieweit die angestrebten Ergebnisse tatsächlich erreicht werden. Gerade hier zeigen viele Unternehmen Schwächen. Mit dem Ergebnis, dass neue Vorgaben auf Widerstand stoßen und die Bereitschaft der Organisation sinkt, an der Erreichung des Ziels mitzuwirken. Das kann so weit gehen, dass die Mitarbeiter gegenüber strategischen Zielen immun werden.

Viele Unternehmen beschränken sich bei der Ergebniskontrolle auf Erfolgs-, Rentabilitäts- und Effizienzziele: Welches Ergebnis hat das Unternehmen im Monat x erbracht? Wie viele Autos wurden am Tag y produziert? Wenn es aber darum geht zu beurteilen, inwieweit eine Strategie verwirklicht wird, ist die Quantifizierung häufig nicht so einfach. Das Controlling muss sich dann auch auf Beobachtungen (Erfahrungen von Testkäufern), Befragungen (von Kunden und

Mitarbeitern) und die Auswertung von Sekundärquellen (Marktstudien, Benchmarking oder externe Unternehmensrankings) stützen. Eine Abweichungsanalyse und Handlungsempfehlungen, um die Zielabweichungen zu korrigieren, runden ein erfolgreiches Strategiecontrolling ab.

Schließlich muss eine Organisation darauf achten, dass sie nicht das mühsam erworbene Vertrauen verliert, wenn sie auf Grund von Marktveränderungen von ihren Langfristzielen abweichen muss. Das ist ein kritischer Moment. Zwar unterliegt jede strategische Planung dynamischen Veränderungen, die es fortlaufend zu berücksichtigen gilt. Aufgabe des Managements ist es aber, die Ziele zuverlässig zu definieren. Lassen sich Abweichungen dennoch nicht vermeiden, muss das Management offen mit der erneuten Definition und Kommunikation der Ziele umgehen. Nur so kann der Eindruck von Orientierungslosigkeit vermieden werden.

Gute Governance ist die beste vertrauensbildende Maßnahme

Vertrauen entsteht, wenn eine Organisation den Eindruck vermittelt, dass sie die Dinge „richtig tut". Hier spielt eine *klare Corporate Governance* die entscheidende Rolle, denn sie wirkt auf zweierlei Weise vertrauensbildend:

- Sie *garantiert* Vertrauen: Als Teil des Systems wirkt sie am Prozess der Vertrauensbildung mit. Je zuverlässiger sie funktioniert, desto größer ist das Vertrauen, das der Organisation entgegengebracht wird.
- Sie *misst* Vertrauen: Sie sendet eindeutige Signale dafür aus, wie es um die Vertrauenswürdigkeit der Organisation steht.

Daher muss die Corporate Governance selbst transparent sein und Transparenz schaffen. Sie muss interne Abläufe definieren, klare Regeln festsetzen, die Kompetenzen bestimmen, die Berichtswege erläutern. So schafft sie einen verlässlichen Rahmen für alle Aktivitäten, die sie anschließend laufend überwacht und bewertet. Jeder Stakeholder des Unternehmens kann daher sicher sein, dass seine Ansprüche – auf Fairness, auf Information, auf Appellationsmöglichkeiten, auf gesicherte Qualität, auf Einhaltung der Verträge – im System berücksichtigt werden und bei der Organisation gut aufgehoben sind.

Die eingeforderte Transparenz ist auch hier wieder eine Frage der *offenen Kommunikation* und des Dialogs zwischen Unternehmensspitze und Stakeholdern. Heute sehen sich Unternehmen mit zahlreichen Forderungen nach ethischem Verhalten konfrontiert. Die Corporate Governance ist ein Teil der Reaktion auf diese Forderungen: Wer seine Verfahrensmuster und deren Realisierungen selbst laufend mit nachvollziehbaren Kriterien prüft, kommt erstens einer öffentlichen Kontrolle zuvor. Er sorgt zweitens dafür, dass er die von ihm gewünschten Hebel der Vertrauensbildung selbst definieren kann und sich nicht an externen Maßstäben messen lassen muss. So erhalten sich Unternehmen einen erheblichen Gestaltungsspielraum für ihren Weg zu einer auf Vertrauen gegründeten Organisation.

Denn gerade weil Vertrauen nicht standardisiert werden kann, sondern sich erst in konkreten Situationen entfaltet, können sich Unternehmen hier profilieren.

Verlässlichkeit als Ausgangspunkt für Vertrauensgewinne bedeutet aber auch, Mitarbeiter klar über die gewünschten Leistungen zu informieren und ehrliches Feedback über das Erreichte – und das noch nicht Erreichte – zu geben. Vertrauensorganisationen setzen darauf, dass der offene Umgang miteinander die beste Maßnahme ist, um Vertrauenskapital aufzubauen. Dazu gehört es auch, schnell und umfassend über relevante Ereignisse zu informieren. Das ist heute nicht mehr nur eine Frage des guten Tons, sondern kann für Unternehmen geradezu überlebenswichtig werden – etwa bei Sondersituationen wie Unternehmenskrisen oder Fusionen. Je nach dem Grad ihrer Betroffenheit wollen Mitarbeiter wie externe Stakeholder angemessen und ehrlich über die wichtigen Ereignisse informiert werden. Wer hier glänzt, punktet beim Vertrauen. Wann, wenn nicht jetzt, kann Kredit gewonnen oder verspielt werden. Drei Verhaltensregeln gilt es quasi standardmäßig zu beachten:

- *Parallelität:* Das Unternehmen sollte immer mit einer Sprache sprechen – sowohl mit den Mitarbeitern als auch mit externen Dritten (Kunden, Kapitalmarkt, Medien usw.). Das setzt eine Koordination zwischen vielen internen Stellen voraus: Führungskräfte, Presseabteilung, Investors Relations, Kundenmagazin etc.
- *Ganzheitlichkeit:* Gute Informationsprozesse in Sondersituationen müssen sich in drei Phasen unterscheiden: Zunächst werden Entscheidungsprozesse kommuniziert, die noch laufen oder gerade abgeschlossen sind; gleichzeitig sollten hier aber bereits neue Visionen und Werte formuliert werden, damit die Mitarbeiter wissen, „wo die Reise hingeht". Die zweite Phase konzentriert sich dagegen auf die Mitteilung der erzielten Fortschritte und Meilensteine. In der letzten Phase geht es darum, den Übergang von der Sondersituation in den „Normalbetrieb" zu vermitteln. Die Mitarbeiter müssen spüren, dass sich ihre Anstrengungen gelohnt haben und motiviert werden, in ihrer Leistungsbereitschaft nicht nachzulassen.
- *Professionalität:* In Sondersituationen sind die Führungsebenen gefragt. Bei der Information zerstört eine Salamitaktik oder Verschleierung von Tatsachen den Eindruck der Professionalität nachhaltig. Die Wahrheit zählt, um wichtige Stakeholder, wie Leistungsträger oder Investoren, zu halten. Vertrauen schenken zahlt sich aus. Wichtig ist ebenfalls, die Mitarbeiter zu beteiligen, beispielsweise durch Befragungen.

Moral in den Unternehmen

Dezentrale Organisation und eine vertrauensbasierte Unternehmenskultur bedingen sich gewissermaßen gegenseitig: Wo Kompetenzen nicht nur an einer Stelle entstehen und gepoolt werden können, wo die Nähe zum Kunden so eng wie möglich sein muss, wo die genaue Kenntnis regionaler Besonderheiten und Bedingungen in Produktion und Absatz zum wichtigsten Erfolgsmuster wird, liegt die unternehmerische Antwort in der dezentralen Struktur. Sie ist auch die beste Voraussetzung, um Risiko- und Entscheidungsfreude zu fördern, weil sie Verantwortung gibt.

Wie aber lässt sich eine solche verzweigte Organisation optimal, das heißt ohne Reibungsverluste, koordinieren? Das Schmiermittel heißt Vertrauen. Wir haben bereits dargestellt, welche Elemente eine Organisation aufweisen muss, die auf Vertrauen als Umgangsprinzip setzt. Deutlich geworden ist: Alle diese Elemente haben eine starke qualitative Komponente; es geht stets darum, wie man etwas tut. Eine Vertrauensorganisation setzt ein klares Bekenntnis des Topmanagements voraus: „Das wollen wir, und wir wollen es ganz." Die Vertrauensorganisation kann nur dann wirksam werden, wenn das Management in Vorleistung geht. Es liegt zuerst an ihm zu vertrauen und dem Prinzip des Misstrauens eine klare Absage zu erteilen. Erst dann werden die Mitarbeiter und die externen Stakeholder einsteigen. Einmal überzeugt, werden sie es gerne tun. Denn die Vertrauensorganisation gibt moralischen Ansätzen in der Geschäftswelt Raum: Neben das für Unternehmen lebenswichtige ökonomische Prinzip tritt ein soziales Prinzip im Umgang untereinander. Respekt, gemeinsame Werte, Ehrlichkeit, Verlässlichkeit sind Kräfte, die ökonomisch ausgerichtetes Handeln mit einem Zusatzwert versehen, der das Commitment erleichtert. Von daher bewegen sich Vertrauensorganisationen in einer Spirale nach oben: Wo sich Vertrauen permanent erneuert, verstärkt es sich mehr und mehr. Hierin liegt in der Konsequenz die Basis für die organisatorische Wachstumsbereitschaft.

Der Weg
zum wachstumsbereiten Unternehmen

5. Innovation als Wachstumsmotor

Auf einen Blick:
Innovation zählt zu den entscheidenden Hebeln, mit denen Unternehmen die Parallelstrategie aus Wachstum und Effizienzsteigerung verwirklichen können. Kann man innovieren lernen? „Jein“ – zwar gibt es keine Patentrezepte mit Erfolgsgarantie, aber es steht immerhin fest, welche Rahmenbedingungen dem Innovationsprozess zuträglich sind: Nicht allein die Höhe der Investitionen für Forschung und Entwicklung ist dabei entscheidend. Eine mindestens ebenso wichtige Rolle spielt die Unternehmenskultur. Innovationen und das damit verbundene Wachstum gedeihen nur in einem Umfeld, das Kreativität auf breiter Basis fördert, aber dabei den Mitarbeitern eine klare strategische Orientierung bietet. Die Vertrauensorganisation bietet dafür den geeigneten Rahmen, da sie sowohl zur Leistung motiviert als auch Freiräume gewährt. Damit dieser Rahmen optimal ausgefüllt wird, wird in diesem Kapitel eine Reihe von Maßnahmen empfohlen, um die Innovationsfähigkeit eines Unternehmens auch in turbulenten Märkten zu erhalten und zu verbessern. Dazu gehören zum Beispiel die Bildung interner Eliten und deren Einbindung in den Innovationsprozess, die Schaffung von Strukturen zur „Frühaufklärung“ von Markttrends sowie die Etablierung eines Wissensmanagements, das vor allem qualitativ statt quantitativ orientiert ist.

Innovation – das Wachstumspotenzial in der „black box“

Innovation ist der anerkannte Wachstumstreiber schlechthin: Neue, verbesserte, aufgewertete Produkte und Leistungsangebote gelten als das durchschlagende Überzeugungs- und Differenzierungsargument am Markt. Ein gängiger mikroökonomischer Indikator misst den Anteil der drei oder fünf Jahre alten Produkte am Gesamtumsatz und setzt damit Innovationsleistung und Wachstumsergebnis zueinander in Bezug. Dennoch vermag kaum jemand zu sagen, wie gute Innovation geht. Das Ganze ist nach wie vor das klassische Beispiel einer „black box“: Was aus dem, das hinein gegeben wird, entsteht, verschließt sich der Analyse. Zwar gab es eine regelrechte Aufbruchsstimmung, dieses Rätsel durch Innovationsmanagement zu lösen, aber in der Konsequenz hat diese Disziplin – vereinfacht gesprochen – nur dort zu besseren Ergebnissen geführt, wo es vorher schon eine gute Innovationsleistung gab. Lässt sich daraus – pointiert – die Schlussfolgerung ziehen, dass man Innovieren nicht lernen kann?

Stimmt genau – so lehren uns Wirtschaftshistoriker: Die Europäer etwa können eine lange Historie erfolgreich entwickelter Basistechnologien aufweisen, etwa in der Kernspaltung, in der Luft- und Raumfahrt, in der Informationsverarbeitung (Computer, Fax-Gerät) oder auch bei der Definition dessen, was heute als World Wide Web bekannt ist. Die kommerziellen Erfolge auf den Absatzmärkten haben freilich die US-Amerikaner und Japaner eingefahren: Sie haben die Technologien auf Marktbedürfnisse bezogen und (globale) Wachstumsbranchen daraus gemacht: Wehrtechnik, die Soft- und Hardwarebranche, E-Commerce und so weiter. Nur in wenigen Bereichen – ein Beispiel ist die Flugzeugindustrie – ist es den Europäern gelungen, einen Ideenvorsprung in einen Marktvorteil umzuwandeln. Nicht das Erfinden allein ist also der entscheidende Punkt, sondern auch der anschließende Anwendungsbezug, die Konkretisierung in Produkten und Dienstleistungen sowie deren Vermarktung. Ideen haben ist also das eine, sie entwickeln und an den Mann bringen das andere. Nur in Kombination ergeben diese Stufen den ökonomischen Innovationserfolg.

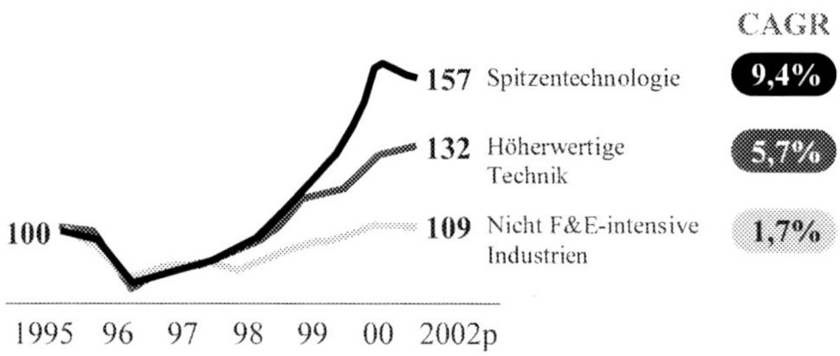

Abb. 19: Wachstum der verschiedenen Technologiensektoren in Deutschland [1995 = 100] (Quelle: BMBF)

Das lässt sich auch empirisch belegen. So sind Hochtechnologien in jedem Jahr und in jedem Land der am schnellsten wachsende Wirtschaftszweig, wie wir in der Grafik oben exemplarisch an Daten für Deutschland zeigen (siehe Abbildung 19). Solche Hochtechnologien sind nichts anderes als die innovativsten Zweige einer Wirtschaft: Um hier erfolgreich mitspielen zu können, muss man die relativ höchsten Beträge investieren. Man erhält aber auch den höchsten „Zins", wie Abbildung 20 belegt: Das Pro-Kopf-Wachstum des Inlandsprodukts ist höher, wenn die Industrie stärker auf Hochtechnologien fokussiert ist. Analoges gilt übrigens für das Segment der höchstwertigen Dienstleistungen – Erfolg in „high serve" setzt hohe Aufwendungen für die permanente Weiterentwicklung ebenso wie für Durchbruchsinnovationen voraus, auch wenn ein explizites Innovationsbewusstsein im Dienstleistungssektor im Vergleich zu technologischen Wirtschaftszweigen eher schwach ausgeprägt ist. Eine Analyse belegt: Investmentbanking, Strategieberatung, Hochleistungsmedizin oder Interaktionsinnovationen wie beispielsweise e-basierte Auktionen sind die großen Wachstumsgewinner. Sie sind allesamt das, was man heute als „wissensintensiv" bezeichnet, erfordern also einen starken intellektuellen Input – eben aktives Innovieren, zumal viele Spitzendienstleistungen heute eine starke technologische Basis voraussetzen. Ein hohes Fortschrittstempo gibt es also nur dort, wo sich beide Bereiche miteinander verbinden und verbünden. Dies lässt sich im Logistikbereich zeigen, wo RFID (Radio Frequency Identification) oder GPS-basierte Dienste neue oder verbesserte Angebote ermöglichen.

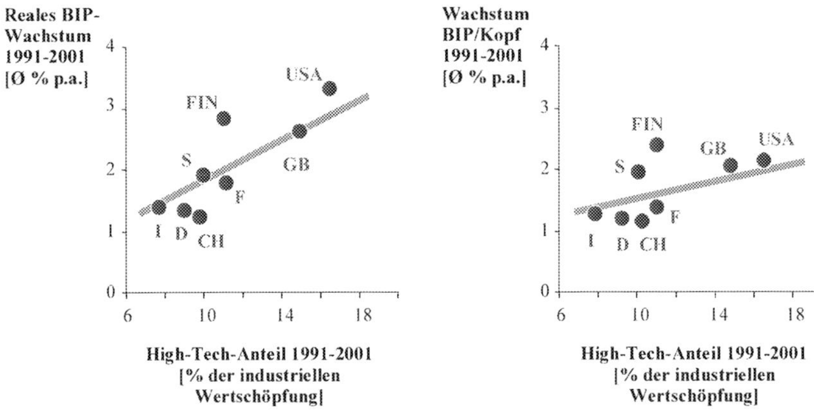

Abb. 20: Wohlstandswachstum in Abhängigkeit von der Hochtechnologiestärke (Quelle: OECD, eigene Berechnungen)

Erst wenn ein Technologiesegment in die Sättigungsphase eintritt, eine Technologie also zur „commodity" geworden ist, lassen sich die Aufwendungen für Forschung und Entwicklung reduzieren – in dieser Phase stagnieren allerdings auch die Wachstumsraten. Gleiches gilt für schwach technologisierte („low-tech") oder technikferne Wirtschaftszweige: Auch sie wachsen erkennbar langsamer als innovationsintensive Branchen. Aus unternehmerischer Sicht ist hier aber eines zu ergänzen: Unsere Analyse erfolgt aus dem makroökonomischen Blickwinkel – über die Wachstums- und Marktchancen einzelner Anbieter ist damit noch nichts gesagt. Auch im Bereich einfacher Technologien gibt es hervorragende Wachstumsstories. Betrachtet man sie genauer, erkennt man aber, dass sie praktisch durchgehend auf innovativen Konzepten etwa der Vermarktung aufsetzen oder besondere Services anbieten, die ebenfalls Entwicklungsprozesse voraussetzen. Nicht das Technologiesegment allein entscheidet über den Wachstumserfolg – auch „ganz oben" gibt es Beispiele für (teures!) Scheitern. Wir wollen nochmals unterstreichen, dass nur das Ineinanderwirken von zwei Komponenten zum Innovationserfolg führt: eine Erfindung *und* deren marktadäquate Platzierung. Der echte Unternehmer beherrscht die Kunst, die für sein konkretes Umfeld (Technologie, Markt/Wettbewerb, Kunden, Zulieferer) optimale Strategie auszuarbeiten und umzusetzen.

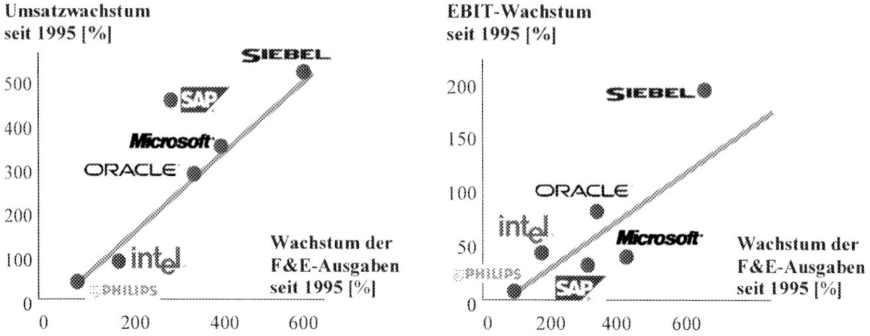

Abb. 21: Korrelation zwischen Wachstum der F&E-Ausgaben und Umsatz-/ EBIT-Wachstum

Das belegt auch eine Analyse des Zusammenhangs zwischen Innovationsausgaben und Umsatzplus, die wir exemplarisch im Technologiesektor durchgeführt haben (siehe Abbildung 21): Je stärker ein Unternehmen seine Ausgaben für Forschung und Entwicklung aufgestockt hat, desto besser war sein Markterfolg.

Innovationsstärke heißt also, Geld in die Hand zu nehmen. Aber das allein reicht nicht aus. Wir sind der Überzeugung, dass Innovation und die damit verbundenen Wachstumserfolge ein geeignetes Umfeld brauchen. Dieses Umfeld lässt sich aber nicht verordnen. Es will und muss sich entwickeln, und dieser Prozess braucht seine Zeit. Wenn es aber gewachsen ist, lässt es Kreativität auf breiter Basis entstehen. Dafür gibt es keine Patentrezepte, sondern nur individuelle Lösungen, die mit langem Atem angegangen sein wollen. Freiräume, Ergebnis- statt Ausführungskontrolle und die Ermutigung der Mitarbeiter zu ungewöhnlichen Lösungen machen die Qualität eines solchen Umfelds aus. Und genau hierin zeigt sich, wie sehr eine innovationsoffene Kultur unverzichtbares Element einer Vertrauensorganisation ist.

Innovation ist mehr als neue Produkte

Wichtig für das korrekte Verständnis von Innovation ist, diesen Begriff nicht nur auf die Produkt- oder Leistungsinnovation zu verengen. Umfassende Innovation basiert auf fünf Säulen:

- *Produkt und Leistung*, also die klassische Weiter- oder Neuentwicklung bestehender Produkte oder ganzer Angebotslinien und neuer Dienstleistungen. Aber auch Innovationen, die den Zusatznutzen eines Produktes erhöhen, zählen hierzu – etwa eine neuartige Verpackung, die den Gebrauch des Produktes erleichtert. Nur Produktinnovationen sind in der Lage, neue Nachfrage in gesättigten Märkten zu erzeugen. Und sie bieten trotz der Gefahr der Imitation einen wesentlich längeren Schutz vor Wettbewerbern als Preissenkungen oder Werbung.

- *Geschäftsmodell*, das heißt die Weiterentwicklung der Art und Weise, wie die Leistungen eines Unternehmens in Wertschöpfungsprozessen zusammengesetzt und schließlich am Markt angeboten werden. Hier gibt es innovative Ansatzpunkte in zahlreichen strategischen Fragen, beispielsweise: die Definition des relevanten Marktes, die Schaffung von Nutzwert für die Kunden, die effektive Verteilung der Wertschöpfung hinter den Kulissen, das Marketing, die Ertragsmechanik etc.

- *Prozesse*, was sich auf die permanente Optimierung der Erstellung von Produkten durch den gezielten Einsatz von technologischem und organisatorischem Fortschritt (Stichworte: Netzwerkbildung, Outsourcing usw.) bezieht. Prozessinnovationen sorgen dafür, dass Güter mit höherer Qualität und effizienter – also schneller und kostengünstiger – gefertigt werden. Da neue Produkte häufig neue Prozesse erfordern, gehen Produkt- und Prozessinnovationen oftmals Hand in Hand.

- *Supply Chain*, also die gesamte Lieferkette vom Lieferanten von Roh- und Vorprodukten bis zum Endverbraucher. Innovationen in diesem Bereich schließen im Gegensatz zu Prozessinnovationen unternehmensexterne Prozesse mit ein: Hier geht es darum, die Effizienz der Zusammenarbeit mit Zulieferern und Händlern durch Innovationen zu steigern.

- *Kundenpflege*, das heißt kontinuierliche Anstrengungen, die darauf abzielen, die Kundenansprache zu verbessern oder eine bessere Betreuung anzubieten. Auch neue Vertriebswege, die einem Kunden beispielsweise größere Flexibilität beim Kontakt zum Anbieter erlauben, fallen in diese Kategorie. Da stets der Markt über den Erfolg einer Innovation entscheidet, kommt dieser Innovationskomponente eine strategische Bedeutung zu: Aus Sicht der Kunden müssen Innovationen ihre Bedürfnisse besser befriedigen als die bisherigen Angebote; es geht also nicht darum, was Techniker aus ihrer Wahrnehmung für Fortschritt halten.

Neben den genannten fünf Innovationsarten innerhalb eines Unternehmens gibt es die makroökonomische Strukturinnovation – sie bezeichnet den Vorgang des innovativen Strukturwandels, in den westlichen Nationalökonomien also die Verschiebung von einer stark fertigungsorientierten zu einer zunehmend dienstleistungsgeprägten Wirtschaftsstruktur. Sie ist das Ergebnis von Innovationserfolgen in den oben genannten fünf Kategorien, hat also kreative Unternehmer als Vorbedingung, die durch ihre Entwicklungen und ihre Risikobereitschaft das Neue auf die Märkte bringen. Ein umfassender Strukturwandel kann sehr schnell eine mächtige Dynamik entwickeln, wie das Beispiel Finnlands zeigt: Nicht zuletzt durch die Forcierung von Forschungsaktivitäten ist es dort gelungen, die Anfang der 90er Jahre eingetretene Wirtschaftskrise in der Folge zu überwinden. Selbst unter den Schwellenländern differenzieren sich wachstumsstarke Regionen bereits dort heraus, wo besonders umfassend Innovationsstrukturen aufgebaut werden.

Innerhalb jeder der genannten Innovationsformen geht es nicht immer um den radikalen Neuentwurf, sondern sehr viel häufiger um die mühsame Arbeit am Detail, die kreative Neu- oder Re-Kombination des Bestehenden. Der bisweilen mythische Charakter von Innovation rührt vielleicht gerade daher, dass alle auf den großen Durchbruch warten; dabei kann Geschäft mit gutem Recht schon mit der inkrementellen Weiterentwicklung gemacht werden. Große Innovationen wie Automobil, Blutgerinnungsmittel, Internet kommen nur alle paar Jahrzehnte. „Dazwischen" kommt es darauf an, die Kundenbedürfnisse zu erkennen und mit geeigneten Angeboten zu beantworten. Ansonsten besteht in einem gegebenen Setting der wachstumswirksame Durchbruch darin, die bislang geltenden Regeln neu zu definieren. Derartige „regelbrechende" Innovationen verbessern die bestehenden Muster (der Technologie eines Produktes, des Aufbaus eines Geschäftsmodells, des Ablaufs eines Prozesses usw.) nicht nur geringfügig, sondern ersetzen sie durch gänzlich neue. Alle Innovationsformen sind dafür offen – einige Beispiele sollen dies illustrieren:

- Produktinnovationen: Der MP3-Player ersetzt den Walkman, die DVD den Videofilm, „advanced materials" treten an die Stelle traditionell eingesetzter Materialien.
- Geschäftsmodell: Application Service Provider bieten die Softwarenutzung über das Internet gegen ein zeitabhängiges Entgelt an und ersetzen damit den Verkauf von Software.
- Prozesse: Die RFID-Technologie, die derzeit insbesondere im europäischen und nordamerikanischen Einzelhandel, aber zum Beispiel auch in den Beschaffungsbeziehungen zwischen US-Regierungsstellen und ihren Zulieferern eingeführt wird, ist zunächst die Basis schnellerer und effizienterer Logistikabläufe und in einem weiteren Schritt auch die Grundlage für neue Angebotsformen im Handel.
- Supply Chain: Efficient Consumer Response (ECR) verbessert im Einzelhandel die Informationsweitergabe an den relevanten Schnittstellen und minimiert so die Fragmentierung der Lieferkette.
- Kundenpflege: Durch Customer Relationship Management (CRM) ist die Kundenpflege nicht nur auf den Verkaufsprozess an sich oder ausgewählte After-Sales-Services beschränkt.

Regelbrechende Innovationen lassen sich schwer planen. Sie können auf jahrelanger Forschungs- und Entwicklungsarbeit beruhen, aber auch auf Zufallsentdeckungen basieren. Um sie zu stimulieren, kommt es noch stärker als bei inkrementellen Innovationen darauf an, kreativitätsfördernde Freiräume für die Mitarbeiter zu schaffen. Und es ist entscheidend, die richtigen Mitarbeiter zu haben, die auf höchstem Niveau „um die Ecke denken“ können. Das richtige Personalmanagement – und hier vor allem das Recruiting – spielt deshalb eine Schlüsselrolle.

Innovation als Hebel der Parallelstrategie aus Wachstum und Effizienzsteigerung

Indem Unternehmen Innovationen in allen genannten Feldern realisieren, verfolgen sie die beiden relevanten Stoßrichtungen der heute gebotenen unternehmerischen Parallelstrategie, nämlich einerseits Wachstumschancen zu generieren und andererseits Kosten zu senken. Dabei ist die direkte Wirkung der verschiedenen Innovationsformen durchaus unterschiedlich. Erfolgreiche Produktinnovationen treiben unmittelbar das Wachstum eines Unternehmens an, indem sie Vorsprungsprämien ermöglichen, solange noch keine Nachahmer auf den Plan getreten sind. Prozessinnovationen und Innovationen im Bereich Supply Chain dienen vor allem der Effizienzsteigerung und Kostensenkung. Innovationen im Geschäftsmodell oder bei der Kundenpflege entfalten in beide Richtungen eine starke Wirkung. So kann zum Beispiel ein CRM-System einerseits den Kundenkontakt verbessern und damit zusätzliche Käufe und Wachstum generieren. Andererseits verringert es die Kosten der Kundenpflege.

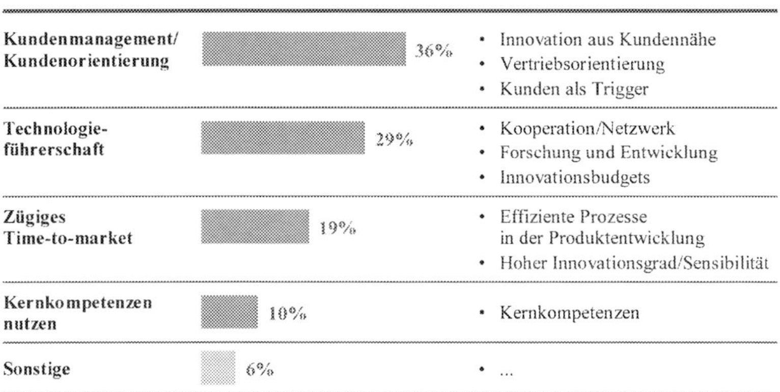

Abb. 22: Charakterisierung der Innovationsstrategie

Über den Wachstumsalgorithmus (vgl. dazu S. 19 f. in Kapitel 1) unterstützen alle Innovationen die Doppelstrategie aus Wachstum und Effizienzsteigerung. Denn die aus der Effizienzsteigerung gewonnenen Mittel können wiederum in Wachstum investiert werden. Und Innovationen, die direkt für Wachstum sorgen, lassen Skaleneffekte wirksam werden, die ebenfalls Mittel freisetzen. Diese können in weiteres Wachstum und in Effizienzsteigerung gesteckt werden.

Entscheidend dafür, dass sich Innovationen in Wachstum und Effizienzsteigerung ummünzen lassen, sind aber weitere Faktoren:

1. Innovation muss die Kunden ins Blickfeld nehmen, denn ihre Bedürfnisse bzw. deren Befriedung lösen Wachstum aus. Das bestätigen auch die Teilnehmer unserer Umfrage „Zum Wachstum führen": Kundenorientierung ist für sie die allererste Innovationsstrategie, sie wird als wichtiger erachtet als eine technologische Führungsrolle oder die Innovationsgeschwindigkeit (siehe Abbildung 22). Alle Innovationsformen sind daher letztlich auf den Kunden auszurichten. Bei Produkten ist dies sofort einsichtig. Aber auch eine Veränderung etwa des Geschäftsmodells bringt nur dann Wachstum, wenn sie den Kundennutzen erhöht: Beim oben erwähnten Application Service Providing zahlt der Kunde nur für die tatsächliche Nutzung; er muss die genutzte Software nicht warten und arbeitet stets mit der aktuellen Version. Unternehmen müssen daher die Kundenbedürfnisse antizipieren und sich fragen: Welche Signale senden die Kunden aus, gibt es Indikatoren, dass eine Neuerung erwartet wird: Sind also die Kunden beispielsweise unzufrieden mit dem aktuellen Leistungsspektrum eines Produkts oder dem Umfang einer Dienstleistung, wollen sie mehr? Oder sind sie bereits überversorgt und deshalb nicht bereit, für Neuerungen zu zahlen, die früher Auslöser von Innovationsprämien waren? Damit ist das Feld abgesteckt, in welchem Umfang sich Innovationsaktivitäten (und -aufwendungen) später potenziell kapitalisieren lassen, und die Basis einer Entscheidungsmatrix für kosten- vs. wachstumsausgerichtete Strategien ist gelegt. Das Beispiel des Partikelfilters für Dieselmotoren zeigt dabei aber, dass Kundenbedürfnisse nicht dauerhaft fixiert sind, sondern sich durchaus verändern lassen – eine überzeugende Argumentation vorausgesetzt: Die deutschen Autohersteller erkannten darin keinen Markt (und investierten dementsprechend zurückhaltend in entsprechende Programme). Sie wurden von der Offensive der Franzosen überrascht, die den Partikelfilter bis hinunter in die Kompaktklasse als Kaufargument verankerten, indem sie an das Verantwortungsbewusstsein für die Umwelt appellierten.

2. Innovation muss den Reifegrad und die Sättigung des relevanten Marktes berücksichtigen. Ist die „Commoditisierung" nahe, dann müssen die Innovationsanstrengungen neu adjustiert werden. Mit Michael Porter gesprochen: Jetzt geht es um die Entscheidung zwischen „low cost" (kostenorientierte Prozessoptimierungen) und Differenzierung. Der Hinweis auf die Relevanz dieses Aspekts ist aktuell begründet – denn genau an solchen Analysen mangelte es beispielsweise den Herstellern auf dem Handymarkt: Für fast alle kam der Übergang vom Boom zur überkapazitären Situation kurz nach der Jahrtausendwende überraschend. Die meisten befanden sich noch im Modus hoher Zuwachserwartungen. Der Wandel zum Käufermarkt, auf dem Differenzierung entscheidet, musste in den Innovationsstrategien erst bewältigt werden.

3. Das Miteinander von Kosten- und Wachstumsorientierung lässt sich auch realisieren, indem eine angemessene Fast-Follower-Strategie verfolgt wird. Eine überraschende Einsicht aus der Umfrage unserer Studie „Zum Wachstum führen" war, dass sich die Top-Performer in vier der fünf Innovationsfelder nicht so sehr als First Mover einstuften, die in der Innovation vorpreschen, sondern erkennbar häufiger als Fast Follower, also als schnelle Adaptoren (siehe Abbildung 23). Ein ausgewogenes Verhältnis von Wachstumschancen und Kostenoptimum erreichen sie, indem sie sich auf jene Neuerungen fokussieren, die bereits durch frühe Marktbewertungen als viel versprechend wurden. Natürlich: Diese Innovationsstrategie passt nicht zu allen Märkten, und ihr Erfolg steht und fällt mit der Reaktionsgeschwindigkeit. Unsere Umfrage indes zeigt, dass sie sich erfolgreich anwenden lässt.

	Outperformer	**alle Unternehmen**
Innovationen im Kundenmanagement	**57%**	**45%**
Supply-Chain-Innovationen	**46%**	**47%**
Prozessinnovationen	**57%**	**44%**
Geschäftsmodell-innovationen	**50%**	**35%**
Produktinnovationen	**36%**	**33%**

Abb. 23: Anteile der Fast Follower im jeweiligen Innovationssegment

Grundlagen erfolgreicher Innovation

Wie kann die Fähigkeit zur Innovation in einem Unternehmen verbessert werden? Aus der Betrachtung von „Best-in-class"-Beispielen lassen sich eine Reihe von gemeinsamen Indikatoren ermitteln, die unabdingbare Voraussetzungen zu sein scheinen, um bei der Innovationsstärke ganz vorne mitzuspielen. Die Menge an eingesetztem Geld gehört übrigens nicht dazu!

Ganz oben in der Liste steht, dass eine ausgeprägte *Innovationskultur* vorhanden sein muss: Die Kreativitätsleistung hängt davon ab, ob das Topmanagement seinen Mitarbeitern unmissverständlich deutlich macht, dass es den physischen und psychischen Einsatz für Innovationen wünscht (im Sinne der Differenzierung, der Wettbewerbsfähigkeit und der Zukunftssicherung der Organisation) und schätzt. Dieses prioritäre Bekenntnis zur Innovation zeigt sich darin, dass Strukturen und Incentives (materielle wie immaterielle) darauf ausgerichtet sind, Kreativität zu fördern, etwa durch Job Rotation, die den Erfahrungsspielraum des Einzelnen vergrößert, durch Qualifizierungsmaßnahmen, durch Meinungsaustausch und durchlässige Kommunikationskanäle, durch umfassendes Wissensmanagement oder durch eine ausgeprägte Wettbewerbs- und Leistungsorientierung innerhalb des Unternehmens.

Wie wir im Kapitel zur Vertrauensorganisation bereits festgestellt haben, ist die Vertrauensorganisation der bestmögliche Rahmen für eine Kultur, die konzeptionell für Neues offen sein will. Sie verbindet die wesentlichen Faktoren: Zum einen befähigt sie die Mitarbeiter durch kommunikative Maßnahmen und Qualifizierung; zum anderen bietet sie Garantien, dass intellektuelle Leistung geachtet und gesichert wird; zudem fordert sie den Einzelnen und belohnt seine Erfolge.

Um die kulturelle Seite ausreichend abzusichern, haben viele Unternehmen ihre Organisation umgekrempelt. Das Ziel besteht darin, organisatorische Innovationsblockaden zu reduzieren: Dazu gehören zum Beispiel starke Formalisierung und Bürokratie, die Abschottung zwischen den Erfindern und den Vermarktern, das späte Hinzuziehen des Vorstands bei Richtungsentscheidungen zur Innovation usw. Als Regel gilt: Nur wenn die Organisation als Ganzes innovativ ist, hat Kreativität eine Chance. Am besten gedeiht sie in kleinen Einheiten mit direkter und schneller Kommunikation, unmittelbarem Wissenstransfer sowie genauer Kenntnis des relevanten Marktes. Wer den geradezu legendären „Garagenstil" am besten in die Bedingungen eines Großunternehmens übersetzt, hat die beste Grundlage für Kreativität gelegt. Auch hierin zeigen sich klare Vorteile der Vertrauensorganisation.

Im Rahmen unserer bereits zitierten Studie „Zum Wachstum führen" haben die befragten Unternehmen weitere klare Merkmale einer innovationsorientierten Kultur genannt (siehe Abbildung 24):

- Ausgeprägt marktbezogene Kreativität in den dezentralen Einheiten ergänzt durch zentral definierte „Leitplanken" (etwa bezüglich der erwarteten Zeitschiene oder der bevorzugten Projekte) ergibt eine optimale Kombination aus Offenheit und Ergebnisorientierung. Als erfolgreiche Innovatoren erweisen sich nämlich nicht die Unternehmen, die wenig steuern, sondern diejenigen, die klare Innovationsziele formulieren und den kreativen Entstehungsprozess durch geeignete Leitplanken in Richtung dieser Ziele führen. Tatsächlich ist es eine Frage der Ressourceneffizienz, ob ein Unternehmen mit seinem Input zu verwertbaren (das heißt wachstumsrelevanten) Ergebnissen kommt. Die Gefahr, sich zu verzetteln, besteht dann, wenn man auf Vorgaben verzichtet oder sich dem Glauben hingibt, der passende Markt werde sich schon finden.
- Ein tendenziell großer Spielraum beim Ressourceneinsatz schafft die notwendige Flexibilität, um auf plötzliche Veränderungen im Markt angemessen reagieren zu können oder um unerwartete Komplexitäten abzudecken. Wer im fortgeschrittenen Innovationsprozess auf die Kostenbremse tritt, verliert oft die vorangegangenen Investitionen.

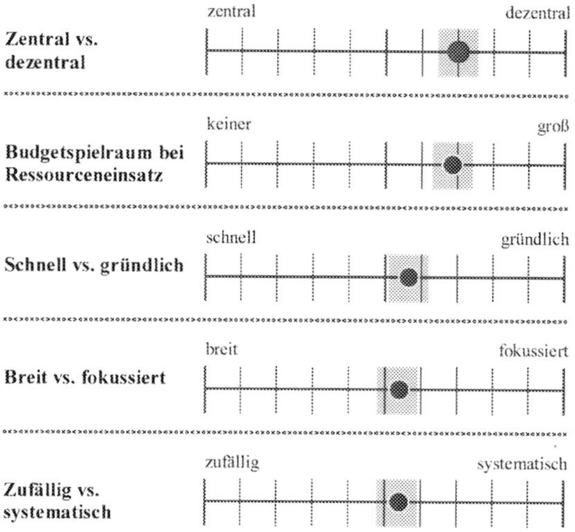

Abb. 24: Selbstcharakterisierung der bestehenden Innovationskultur

- Das Maximum war früher oft gerade gut genug – eine Innovation galt erst dann etwas, wenn sie einen technologischen Quantensprung für den betreffenden Bereich bedeutete. Analoges gilt für Dienstleistungsinnovationen. Heute dagegen macht man so viel, wie der Markt abnimmt: Innovation soll die Kunden zufriedener machen, nicht den Ingenieur. Es kommt darauf an, einen optimalen Mix aus Gründlichkeit und „time-to-market" zu erzielen (siehe Abbildung 25).

- Ebenso wichtig ist die passende Kombination aus Breite und Fokus. Erfolgreiche Innovatoren haben hier ein klares Phasenmodell: Am Anfang möglichst offen, aber nach der Entscheidung, ein Projekt zur Marktreife zu treiben, mit maximaler Fokussierung. Unabdingbare Voraussetzung dafür, dass derartige Entscheidungen zeitnah und fundiert getroffen werden können, ist übrigens die laufende und hohe Präsenz und aktive Involvierung des Topmanagements auf allen Stufen des Innovationsprozesses.

- Die Pole „Zufall vs. Systematik" zielen auf den Umstand, dass Innovationsprozessen eine eigenständige Qualität zugesprochen wird: Sie entstehen nicht auf einem geraden Weg, der durchgehend gestalt- und messbar ist. Bisweilen sind Innovationsprozesse chaotisch, schlagen Haken, bringen mitunter andere Ergebnisse als die, die erwartet wurden. Das Phänomen wird in den Satz gefasst, dass innovationsfreudige Unternehmen Umwege in Kauf nehmen müssen. Diese Umwege führen möglicherweise sogar geradewegs zum Ziel – nur dass dieses Ziel eben vorher nicht bekannt war. Ausschließlich auf den Zufall zu vertrauen, wird aber nicht helfen; gezielt systematisches Vorgehen muss hinzutreten, um ein Optimum zu schaffen.

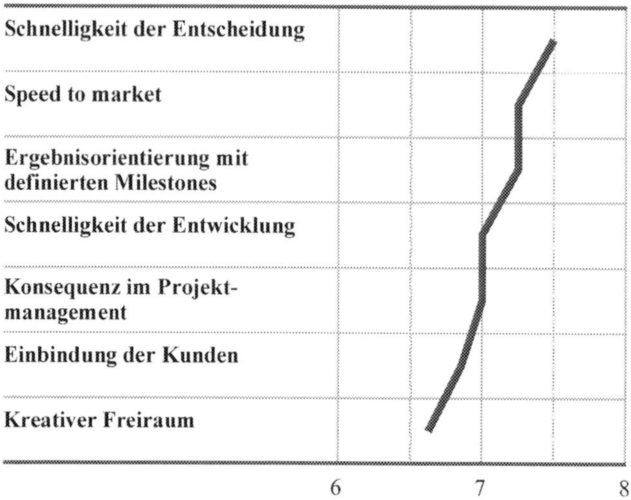

Abb. 25: Die wesentlichen Wachstumstreiber innerhalb des Innovationsprozesses [10 = sehr starker Treiber, 1 = schwacher Treiber]

Ein Blick in die Zukunft: Wie Innovation noch besser gedeiht

Innovationserfolge zu erzielen, war schon in der Vergangenheit nicht einfach. In Zukunft werden sie noch schwieriger – dafür gibt es einige handfeste Gründe. So hat der Kreativitätswettbewerb massiv zugenommen, weil die Innovationsressourcen global deutlich gewachsen sind, insbesondere außerhalb der klassischen intellektuellen Zentren der Industrieländer. Die viel beschworene wissensintensive Dienstleistungsgesellschaft fußt auf genau diesem Phänomen: Die Verlagerung der zentralen Wertschöpfungsleistung von der Hand in den Kopf. Zudem hat sich der Kampf um finanzielle Mittel verschärft. Mehr denn je steht Innovation unter dem Zwang, effektiv und kosteneffizient zu agieren. Dies gilt umso mehr, als seit dem Niedergang der „E-Economy" die Bereitschaft zu riskanten Technologieinvestitionen zurückgegangen ist und die Forderung nach greifbaren Resultaten zugenommen hat.

Vor diesem Hintergrund ist es wichtig, die Innovationsfähigkeit des Unternehmens immer weiterzuentwickeln, um auch unter sich dynamisch verändernden Rahmenbedingungen und neuen Risikostrukturen erfolgreich innovationsbasiertes, kostenoptimales Wachstum zu erreichen. Der Weg dahin führt nach unserer Auffassung über die nachfolgend genannten Punkte:

- *Bildung interner Eliten* Der Idee vom lernenden Unternehmen liegt die Vorstellung zu Grunde, dass quer durch die gesamte Organisation potenziell jeder Mitarbeiter etwas zur Innovation beitragen kann. Dies unterstützt einen (großen!) Teil von Innovationen auch tatsächlich erfolgreich. Allerdings ist diese Verbreiterung, die im Wesentlichen auf der Inputseite angesiedelt ist, unter dem Blickwinkel der Ergebnisorientierung dadurch zu ergänzen, dass klare Elitestrukturen geschaffen werden, die intern als Innovationstreiber fungieren.
  Nur durch solche dezidierten Eliten lässt sich sicherstellen, dass kreative Prozesse geschäftsrelevante Resultate bringen. Die heute oft zu beobachtende Breite baut darauf, dezentrales Wissen (von Märkten, von Prozessen, von Kundenerwartungen, von Technologien) optimal zu heben. Eine erfolgsgerichtete Kanalisierung der dabei gewonnen Informationen und Einsichten in Richtung umsetzungsfähiger Innovationen setzt aber voraus, dass die disparaten Informationen sinnvoll verknüpft werden. Die Basis für solche Vernetzungsprozesse liefern die internen Eliten, sofern sie nicht selbst die Vernetzungsinstanz darstellen: Sie treiben und lenken die Innovationen in die richtige Richtung, sie verbinden singulär erscheinende Elemente. Die Eliten sind entweder Generalisten oder Networker, die kommende Trends aufspüren und sie so formulieren können, dass daraus Innovationsvorgaben entstehen.
  Eliten zu bilden impliziert dabei übrigens nicht, vom Rest des Unternehmens abgeschottete „Goldfischteiche" anzulegen. Elite funktioniert nur, wenn sie unter dem Druck steht, ihre Leistung immer wieder neu unter Beweis zu stellen. Die prinzipielle Offenheit der speziellen Einheiten für Neuzugänge, die Konkurrenz solcher Teams untereinander und permanent neue anspruchsvolle Vorgaben sind Hebel, um hohe Innovations-Returns zu gewinnen.

- *Instrumente für die schnelle Innovationsidentifikation* Mehr denn je ist der Innovationserfolg zeitkritisch. Ein innovierendes Unternehmen braucht deshalb Strukturen, um den Markt und den Wettbewerb permanent zu beobachten. Eine strategisch verstandene und entsprechend aufgesetzte Frühaufklärung ist hierfür unabdingbar. Die hierbei gewonnenen Einsichten gilt es anschließend zu evaluieren. Dafür eignen sich sowohl interne Think-Tanks als auch zielgerichtet aufgesetzte Marktforschungsaktivitäten. Beide müssen in der Lage sein, eine fundierte Basis für anstehende Managemententscheidungen über den Innovationskurs an sich oder die Priorisierung von Aktivitäten – bereits angestoßener ebenso wie erst noch zu beginnender – bereit zu stellen.
  Die Identifikation von Trends und Wettbewerberverhalten durch Instanzen des Topmanagements ist gerade im Bereich der Produkt- und Prozessinnovation eine wichtige Ergänzung zu den Informationen der jeweiligen internen Spezialisten. Diese nehmen den Markt aus einem anderen Blickwinkel wahr, der zwar ebenfalls relevante Erkenntnisse produziert, aber kein vollständiges

Bild liefert. Eigene Informationssysteme der Entscheider sind ein wichtiges Instrument, um Benchmarking gegenüber der internen Darstellung betreiben zu können – und um gegebenenfalls einen Druck aufs eigene Team zu erzeugen, wenn die Konkurrenz besser ist. Dies gilt insbesondere dann, wenn (wie oben beschrieben) eine optimale Innovationsstrategie darin liegt, die Rolle des „Fast Followers“ anzustreben, der sich durch hohe Ressourceneffizienz auszeichnet, weil er nur in bereits angetestete Entwicklungen, also fokussiert, investiert.

- *Wissensorganisation* Das Wissensmanagement war seit Beginn der 90er Jahre die Boom-Kategorie in der Managementlehre: Als hätten Manager nicht auch zuvor schon Know-how-Prozesse organisiert, wurde das Thema plötzlich als „die“ Neuerung mit maximalem Handlungsdruck entdeckt. Natürlich, die neuen Verfahren der Informationsverarbeitung und der Kommunikation eröffneten weitreichende Möglichkeiten, doch wurde zu schnell zu viel versprochen. Dementsprechend groß war die Ernüchterung gut zehn Jahre später. Manche ambitionierte Wissensmanagement-Initiative ist seither beschnitten worden, die entsprechenden Abteilungen haben an Unterstützung und Investitionsmitteln eingebüßt.
  Das allerdings könnte sich als Fehler erweisen. Ein Lösungsmodell: Primär muss die hochgradig quantitative Ausrichtung vieler Ansätze des Wissensmanagements durch eine starke qualitative Komponente ergänzt werden. Vereinfacht gesprochen hat der Wissensmanagement-Hype den „information overload“ begünstigt: Alles wurde an jeden kommuniziert. Heute wird (wieder) erkannt, dass es darauf ankommt, was man weiß – konkret abrufbar, als echtes individuelles Wissen. Dabei ist es im Sinne der gängigen und zwischenzeitlich bereits kritisierten Unterscheidung nicht entscheidend, ob dieses Wissen implizit oder explizit ist. Innovativ sein kann nur, wer über fachliche und generelle Kenntnisse verfügt, diese pflegt und erweitert. Anders als lange propagiert, kommt es also unter dem Blickwinkel der Innovationsfähigkeit nicht nur darauf an, ob jemand fundiert Methoden beherrscht, wie er sich fehlendes Wissen organisiert; Recherchefähigkeit und die Kenntnis der relevanten Tools ist natürlich eine Qualifikation, die unabdingbar ist. Aber ohne echten Wissensbesitz fehlt der Anwendungsschlüssel.
  Ein wachstumsorientiertes Innovationsmanagement muss also mehr als bisher dazu beitragen, dass erstens die individuelle Wissensqualität verbessert wird und zweitens neu erworbenes Wissen so kanalisiert wird, dass es an die jeweils relevanten Stellen der Organisation transferiert wird.

- *Nicht alles selbst machen* Auch Innovationen haben ihre Grenzen. Meist sind es Ressourcenbeschränkungen, die die Unternehmen limitieren, zusätzliche innovative Projekte anzustoßen. Da oftmals ex ante nicht sicher abzuschätzen ist, welche Vorhaben wirklich lukrativ sind, das heißt profitable Wachstumsprozesse auslösen, ist die strategische Entscheidung für das eine und gegen das andere Innovationsprojekt sehr riskant. In diesem Fall bietet es sich

an, mit Partnern zu kooperieren, etwa mit anderen Unternehmen, Wissenschaftseinrichtungen, spezialisierten Beratern. Es gibt bereits eine Reihe von Beispielen, wo dies mit hervorragenden Ergebnissen praktiziert wird (besonders im Automobilbau, wo das Outsourcing von Forschung und Entwicklung schon sehr verbreitet ist).
Natürlich rührt dieser Ratschlag am Nukleus eines Unternehmens: Die Fähigkeit zur Innovation wird oft als strategische Kernkompetenz verstanden, die man schon aus Sicherheitsgründen nicht mit anderen teilt. Das ist richtig – in Zeiten, in denen die Innovationsgeschwindigkeit jedoch erfolgskritisch wird, sind aber pragmatische Lösungsmodelle gefragt, wenn man an Wachstumsprozessen partizipieren will.

- *Agile Schnellboote* Auf dem Höhepunkt der E-Economy-Welle sahen sich vor allem traditionelle Großunternehmen dem Vorwurf ausgesetzt, die notwendigen Rahmenbedingungen für Innovationserfolg nicht ausreichend inkorporieren zu können, etwa in Form von flexiblen Arbeitsplatzgestaltungen, Entlohnungsmodellen mit starker Incentive-Komponente, maximaler Wettbewerbsorientierung und flacher Hierarchisierung. Unter dem Stichwort „Tanker vs. Schnellboot" wurde damals vorgeschlagen, Einheiten mit hohem Innovationsdruck abzutrennen und separat zu betreiben, sodass sich die unterschiedlichen Kulturen der Mutter und des leistungshungrigen Zöglings nicht gegenseitig behinderten.
  Zwar haben sich die Strukturen großer Organisationen inzwischen in mancherlei Hinsicht verändert, zu „Garagenfirmen" haben sie sich dabei aber nicht entwickelt. Deswegen ist es nach wie vor sinnvoll, Innovationsprojekte mit hohem Ergebnisdruck (schnelle Realisierung, kompetitives Umfeld, Kreation disruptiver Innovationen etc.) außerhalb der tradierten Mauern anzusiedeln. Das muss nicht nur durch die relative Inflexibilität der großen Einheit bedingt sein, sondern kann auch dazu dienen, einfacher in Dialog oder gar in eine konkrete Kooperation mit externen Partnern zu treten, etwa durch räumliche Nähe oder eine entsprechende Positionierung.
  Die Externalisierung kann im Übrigen nicht nur der angestrebten Realisierung von Innovationen dienlich sein, sie kann auch dazu dienen, potenzielle Schocks vom Hauptunternehmen fern zu halten. Neues Wissen kann für den gegebenen Know-how-Horizont nicht immer nur befruchtend, sondern durchaus auch störend sein. Möglicherweise erschüttert es bestehende Gewissheiten zu stark oder macht eine völlige Neuausrichtung existierender Strukturen notwenig. Damit kann es vorhandenen Erfolg auf dem Markt bedrohen. Die Separation von traditionellem und neuem Wissen kann das verhindern und so die Basis für zwei Wachstumsstränge bilden.

Sicher, alle Anstrengungen und organisatorischen Entwicklungen werden das Dilemma des Erfindens und des Erfinders nie ganz lösen: Was wird am Ende des Tages als Markterfolg bestehen, was kann Basis des nächsten Wachstumsschubs werden? Ein Markt, der sich noch nicht gebildet hat, kann nicht analysiert werden.

Für ihn lässt sich keine Strategie formulieren – die Königsaufgabe des Managements – und kein Weg zu seiner Eroberung definieren. Und selbst in einem Marktumfeld, in dem inkrementelle Innovationen dominieren und sich grundlegende Sachverhalte nicht verändern, ist es schwierig, die Wirkung von Innovationen abzuschätzen. Was ist zu tun, wenn die Nachfrage die Innovation nicht absorbiert – sei es, weil Gewohnheiten eine große Rolle spielen, weil Investitionen geschützt werden, weil der Preis die ausschlaggebende Rolle spielt, weil die Kunden den Zusatznutzen nicht erkennen und so weiter.

Hier müssen wir daran erinnern, dass Innovieren auch Vermarkten heißt: Der Erfolg einer Neuerung beweist sich allein in der Akzeptanz, die sich wiederum in konkreter Nachfrage, also quantitativ, äußert. Das Lob der Fachleute allein hat bisher noch keine Firma wachsen lassen. Diese Erkenntnis bedeutet: Das Neue nicht nur in die Welt setzen, sondern frühzeitig mit einem Signal versehen, das die Kunden verstehen. Dies ist das Kernelement des Innovationsprozesses – kein wachstumsorientiertes Unternehmen kann es sich leisten, darauf zu verzichten.

6. Cash-Potenziale aufspüren und in Wachstum investieren

Auf einen Blick:
Wachstum muss finanziert werden, entweder aus externen oder aus internen Quellen. In Zeiten, da immer mehr Hürden den Zugang zu Fremdkapital erschweren, wird die interne Finanzierung zunehmend wichtiger. Sie ist ein wesentlicher Erfolgsfaktor, der darüber entscheidet, ob das Perpetuum mobile des Wachstums in Schwung kommt: Die Steigerung der operativen excellence schafft freie Cashflows, die für Wachstumsinvestitionen zur Verfügung stehen. Das Wachstum führt zu Skaleneffekten, die zusätzliche Mittel freisetzen, die wiederum in weiteres Wachstum und zunehmende Effizienzsteigerungen gesteckt werden können. Dieses Kapitel stellt das enorme Potenzial interner Finanzierungsquellen dar, das allerdings von vielen Unternehmen immer noch zu wenig wahrgenommen und genutzt wird – so das Ergebnis unserer Studie „Cash for Growth". Wir zeigen, durch welche Veränderungen ihrer Prozesse und Strukturen Unternehmen Cash-Reserven heben können. Zentraler Ansatzpunkt dafür ist das aktive Management von Forderungen und Verbindlichkeiten, von Vorräten sowie des Anlagevermögens. Eine Schlüsselrolle spielt dabei die Optimierung der Wertschöpfung durch das Design eines „global footprint", der der dynamischen Entwicklung auf den globalen Märkten Rechnung trägt.

Hürden der externen Finanzierung umgehen, interne Quellen zum Sprudeln bringen

Generell betrachtet stehen Unternehmen zwei Wege offen, wie sie ihr Wachstum finanzieren können: zum einen durch die Beschaffung von Mitteln über Kapitalgeber, die außerhalb der Unternehmung stehen (externe Finanzierung); zum anderen über die Gewinnung von Zahlungsmitteln durch Vorgänge innerhalb der Unternehmung (interne Finanzierung). Externe Finanzierung wiederum kann entweder durch die Aufnahme von Fremdkapital erfolgen oder indem die Eigner die von ihnen eingesetzten Mittel erhöhen (durch eine Reduzierung der Dividende oder durch die Ausgabe von Eigenkapital).

Beide Alternativen der externen Finanzierung weisen nicht unerhebliche Nachteile auf. Werfen wir zunächst einen Blick auf die Finanzierung über Fremdkapital. Das Kreditvergabeverhalten der Banken hat sich verändert: Die Richtlinien des Basel II-Abkommens stellen an Banken verschärfte Eigenkapitalanforderungen; infolgedessen sind Banken gezwungen, ihre Kreditvergabe stärker als bisher an das Risiko des Kredit nehmenden Unternehmens anzupassen. Hinzu kommen die Ertragsproblematik und der Konsolidierungsdruck im Bankensektor. In der Konsequenz führt dies zu einer größeren Zurückhaltung der Banken bei der Kreditvergabe, was die Aufnahme von Fremdkapital für Unternehmen schwieriger und teurer macht.

Aber nicht nur vor dem Hintergrund der gestiegenen offenen und verdeckten Kosten für Fremdkapital spielt die interne Finanzierung eine immens wichtige Rolle. Dass es sich für Unternehmen lohnt, interne Finanzierungsquellen zu lokalisieren und zu erschließen, verdeutlicht auch das Prinzip des Wachstumsalgorithmus: Die Steigerung der operativen *excellence* generiert freie Cashflows, die in Wachstum investiert werden können.

Grundsätzlich gibt es zwei Ansatzpunkte zur internen Finanzierung: zum einen die Erhöhung der Marge oder des Kapitalumschlags, zum anderen die Freisetzung interner Cash-Reserven aus dem Management von Forderungen und Verbindlichkeiten, von Beständen und des Anlagevermögens. Angesichts zahlreicher gesättigter Märkte sind die Preisspielräume von Unternehmen gering, sodass die Steigerung der Marge limitiert ist. Gleiches gilt für den Kapitalumschlag.

Mehr verspricht der zweite Ansatzpunkt: Versteckte Cash-Reserven stellen ein großes – bisher oft vernachlässigtes – Potenzial dar, das sich durch folgende Maßnahmen heben lässt:

- Durch die Optimierung des Forderungsmanagements,
- durch die Erhöhung von eigenen Zahlungszielen bei Verbindlichkeiten gegenüber Lieferanten,
- durch die Verringerung der Bestandsreichweite,
- durch die Verschlankung des Anlagevermögens.

Natürlich erschließen sich diese Reserven nicht im Selbstlauf ohne Anstrengungen. Wie bei der externen Finanzierung ist auch hier der Managementaufwand zu berücksichtigen, der notwendig ist, um die Effizienz beim Kapitaleinsatz zu erhöhen. Und natürlich sind auch die Kosten zu beachten, die für verbesserte Systeme anfallen, etwa für eine leistungsfähigere Controlling-Software. Doch ist die Wirkung der oben genannten Maßnahmen beträchtlich. Bereits kleine Verbesserungen führen dazu, dass sich der Bedarf an externer Finanzierung erheblich verringert. Dies konnten wir im Rahmen unserer europaweiten Studie „Cash for Growth" nachweisen.

Diese Studie wurde von Roland Berger Strategy Consultants gemeinsam mit der Universität Lausanne konzipiert und durchgeführt. Untersucht wurden im Herbst 2003 und in einem Update im Herbst 2004 über 200 börsennotierte westeuropäische Unternehmen mit einem Umsatz von über einer Mrd. EUR. Die untersuchten Unternehmen stammen aus 19 Branchen in sieben Industrien: Automobilindustrie, Chemie und Öl, Konsumgüter und Handel, Maschinenbau und

Hightech-Industrie, Telekommunikation und IT, Pharmaindustrie und Medizintechnik, Energieversorgung. Zusammen erwirtschaften die Unternehmen 2.900 Mrd. EUR Umsatz – also ein Drittel des europäischen BIP – bei einem durchschnittlichen EBIT von 7,6%.

Quellen der Untersuchung waren sowohl Veröffentlichungen der Unternehmen als auch das in Projekten und Expertengesprächen erworbene Wissen von Roland Berger Strategy Consultants. Bei den erhobenen Kennzahlen konzentriert sich die Studie auf die Teile des Betriebskapitals, die eng mit den operativen Geschäftsprozessen im Unternehmen verknüpft sind. Daher wurde die traditionelle Definition des Betriebskapitals angepasst, indem nicht operative Teile der Bilanz wie Finanzanlagen, Goodwill und andere immaterielle Vermögensbestandteile aus der Analyse ausgeschlossen wurden.

Im Zuge der Studie kamen wir zu dem Ergebnis, dass in den untersuchten Unternehmen ein kumuliertes Potenzial von fast 420 Mrd. EUR brachliegt; der größte Anteil liegt im Vermögensbestand, aber auch in Vorräten, Forderungen und Verbindlichkeiten verstecken sich Cash-Reserven in beträchtlicher Höhe (siehe Abbildung 26). Und weiter haben unsere Forschungen ergeben, dass es den Unternehmen offensichtlich in den letzten zwei Jahren nicht gelungen ist, diese Potenziale umfassend zu erschließen. Es ist deshalb höchste Zeit, diese internen Finanzierungsquellen endlich zu nutzen.

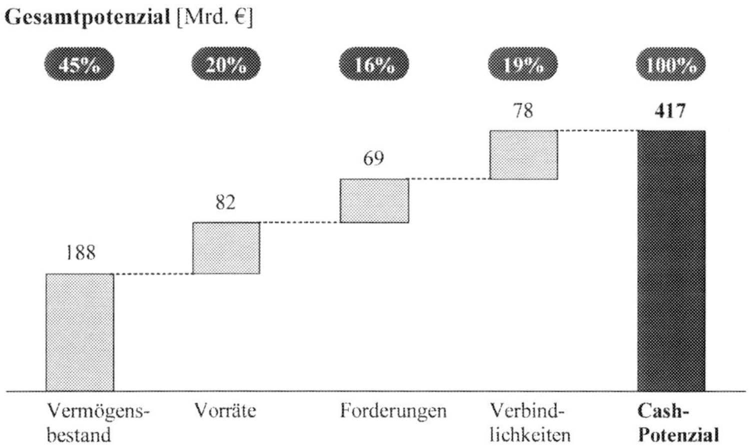

Abb. 26: Vier interne Finanzierungsquellen für Wachstum [kumulierter Wert in Mrd. EUR]

Eine wichtige Kennzahl für den Grad der Effizienz, mit der Unternehmen ihr Kapital einsetzen, ist das Verhältnis aus operativem Betriebskapital und Umsatz. Auf diese Kennzahl wirken als Haupttreiber die oben genannten Cash-for-Growth-Hebel: das Nettoanlagevermögen, die Vorräte, die Kundenforderungen und die Lieferantenverbindlichkeiten. Der Studie zufolge haben die europäischen Unternehmen für jeden Euro Umsatz durchschnittlich 57 Cent operatives Kapital gebunden. Während Spitzenunternehmen nur 10-20% der operativen Kapitalressourcen benötigen, binden die Schlusslichter in einigen Branchen mehr als das Zehnfache an Kapital (siehe Abbildung 27).

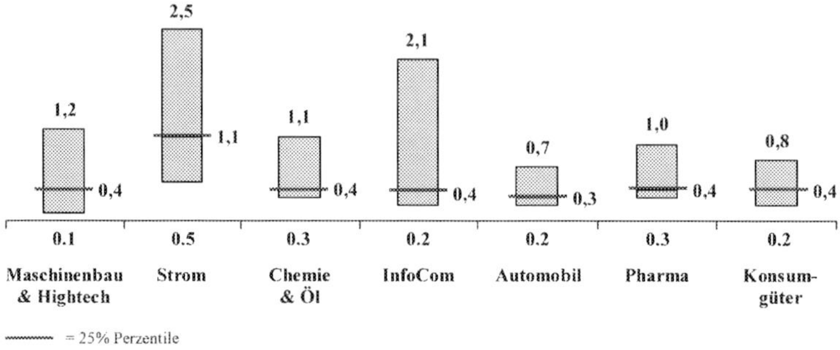

Abb. 27: Operatives Betriebskapital pro Umsatz nach Industriegruppen [1=100%]

Die Dimensionen zur Hebung ungenutzter Potenziale

Wie schaffen es die Besten, ihr operatives Kapital sparsam einzusetzen? Hier zeigen sich insbesondere zwei Hebel, die Spitzenunternehmen erfolgreich einsetzen, um brachliegende Cash-Reserven zu nutzen: Erstens verbessern Branchenführer gezielt ihre Beziehungen zu Lieferanten und Kunden. Gemeinsam mit Zulieferern und Abnehmern steigern sie die Effizienz von Zahlungs- und Logistikprozessen und heben so ungenutztes Potenzial in Forderungen, Verbindlichkeiten und Beständen. Zweitens optimieren sie konsequent ihre Produktions- und Leistungsstrukturen und verschlanken so ihren Vermögensbestand, indem sie regionale Wettbewerbsvorteile nutzen und ihre Wertschöpfungstiefe anpassen. Wir wollen diese beiden Hebel im Detail betrachten.

Das Management der Geschäftsbeziehungen verbessern

Unsere Studie ergab, dass die untersuchten Unternehmen insgesamt allein bei kurzfristigen Forderungen und Verbindlichkeiten ein Potenzial von fast 150 Mrd. EUR ungenutzt lassen. Beim Management der Lieferkette liegen auf Grund zu hoher Vorräte mehr als 80 Mrd. EUR brach. Die Ursache: Die Schnittstellen zwischen dem Unternehmen einerseits und den Lieferanten und Abnehmern andererseits werden mangelhaft gemanagt.

Kommen wir zunächst zu den Reserven im Bereich von Forderungen und Verbindlichkeiten: Hier haben Unternehmen die besten Voraussetzungen, Cash-Reserven freizusetzen, wenn sie eine konsequente Wertmanagement-Strategie verfolgen. Denn eine solche Strategie stellt die Kapitalkosten und ihre Refinanzierung in den Mittelpunkt unternehmerischen Handelns – nur wenn die Umsatzrendite über den Kapitalkosten liegt, wird Wert geschaffen. Wertorientierte Unternehmen sind daher besonders sensibilisiert für die Cash-Reserven, die in den Beziehungen zu Kunden und Lieferanten liegen. Darüber hinaus können Unternehmen mit einfachen Maßnahmen beim Management von Forderungen und Verbindlichkeiten schnell Wirkung erzielen, nämlich indem sie

- ihre Zahlungsziele systematisch managen,
- Forderungen konsequent durchsetzen,
- ein Kreditrisikomanagement betreiben, um die Folgen von Zahlungsausfällen abzufangen,
- die Verantwortung für das Cash-Management in die Hände der operativ tätigen Manager legen – sie sind näher am Kunden und Lieferanten als die Finanzabteilung.

Zahlreiche innovative Industrien haben hocheffiziente Prozesse für ein straffes Cash-Management entlang der kompletten Wertschöpfungskette entwickelt. Natürlich haben manche Industrien weniger Spielraum als andere. So besteht zum Beispiel in der Konsumgüterindustrie ein vergleichsweise geringes Optimierungspotenzial: Die Handelspartner verfügen hier über eine so große Nachfragemacht, dass sie die Konditionen wesentlich bestimmen. Doch gilt überall, dass das Management von Forderungen und Verbindlichkeiten höchste Priorität haben sollte.

Das in der Lieferkette schlummernde Cash-Potenzial ist zwar etwas geringer als das, was im Management von Forderungen und Verbindlichkeiten liegt – mit kumuliert über 80 Mrd. EUR ist es aber ebenfalls beachtlich. In der Lieferkette besteht – trotz der Verbreitung von Konzepten wie Efficient Consumer Response oder Just-in-time – nach wie vor folgendes Problem: Es kommt auf Grund von Unsicherheiten über den Lieferprozess häufig zur Bildung überdimensionierter Vorratsbestände auf beiden Seiten der Wertschöpfungskette: beim Lieferanten ebenso wie beim verarbeitenden Unternehmen. Eine engere Kooperation ist geboten, die zu einer Abstimmung der Lieferanten- und Nachfragerseite führt und gemeinsame Ziele festschreibt, um die Höhe des gebundenen Kapitals zu verringern. So entsteht für die Beteiligten eine Win-win-Situation, weil beide Seiten vorhandene Cash-Reserven heben können. Voraussetzung ist eine vertrauensvolle Zusammenarbeit – die Grundsätze der Vertrauensorganisation wirken also über die eigene Unternehmensgrenze hinaus effizienzsteigernd. Als Basis dieser Zusammenarbeit konnten wir bei unserer Studie folgende Prinzipien identifizieren:

- Alle Beteiligten müssen sich über den Nutzen der engen Kooperation im Klaren sein. Zum Nutzen gehört insbesondere, dass Vertrauen an die Stelle von Kontrolle tritt und damit die Transaktionskosten senkt.

- Es muss ein umfassendes Konzept implementiert werden, das alle Unternehmensfunktionen involviert, die mit der Lieferantenkette zu tun haben: Planung, Beschaffung, Produktion und Finanzierung.
- Zu dem Konzept gehören technische Systeme, wie etwa ein gemeinsamer Datenpool, ebenso wie Vereinbarungen über die persönliche Zusammenarbeit. Von besonderer Wichtigkeit ist es hier, klare Schnittstellen zu definieren: Ein Ansprechpartner sollte für alle Bereiche der Zusammenarbeit mit einem spezifischen Partner die Gesamtverantwortung tragen.

In der letzten Zeit sind zahlreiche innovative Konzepte der Zusammenarbeit entstanden, die in die richtige Richtung gehen, zum Beispiel „collaborative engineering" oder „collaborative planning". Die entscheidende Herausforderung ist ihre konsequente Implementierung und der gemeinsame Wille zum Erfolg. Viele Internetplattformen sind daran gescheitert, dass die beteiligten Partner entgegen ihrer zunächst geäußerten Absicht eben nicht an einem Strang zogen oder ihr Engagement nur mit halber Kraft betrieben.

Optimierung der Produktions- und Leistungsstrukturen

Ein entscheidender operativer Hebel, um Cash-Reserven freizusetzen, ist die so genannte „Asset Productivity" oder „Asset Effectiveness" – die Vermögenswerte des Unternehmens müssen unter der Prämisse der wertorientierten Unternehmensführung einer kritischen Prüfung unterzogen werden, ob und in welchem Umfang sie zur Steigerung des Unternehmenswerts insgesamt beitragen. Eine solche Überprüfung fördert häufig Cash-Reserven zu Tage, die sich vor allem im Anlagevermögen von Unternehmen verstecken und durch eine Reduzierung dieses Vermögens erschließen lassen. Unsere Untersuchung hat ergeben, dass das Potenzial hier fast 190 Mrd. Euro beträgt.

Eine Schlüsselrolle bei der Erschließung von Cash-Reserven spielt die Fähigkeit eines Unternehmens, seine Wertschöpfung an die veränderten Spielregeln einer globalisierten Ökonomie anzupassen. So verlagern sich Kunden und Absatzmärkte beispielsweise für Industriegüter zunehmend nach Ostasien oder Osteuropa. Standorte dieser Wachstumsregionen haben in punkto Fertigungsqualität und Produktivität westeuropäisches Niveau erreicht. Unter diesen Bedingungen sind Unternehmen gefordert, ein neues Design ihres „global footprint" zu entwickeln. Dabei geht es im Wesentlichen um die Ausgestaltung einer Grundregel: Ziel eines optimierten „global footprint" ist es, jede Unternehmensfunktion an dem Standort zu erbringen, der in Effizienz, Qualität, Know-how und Marktnähe die größten Vorteile bietet. Die Ressourcen eines Unternehmens werden in einem weltweiten Netzwerk gebündelt. Die Befolgung dieses Prinzips ist ein viel versprechender Ansatz, das Gebot der „Asset Productivity" umzusetzen und erhebliche Cash-Potenziale freizusetzen. Dies lässt sich allerdings nicht von heute auf morgen bewerkstelligen. Das Design eines „global footprint" muss im Rahmen einer mittel- bis langfristigen Strategie angegangen werden. Für eine Studie, die das Laboratorium für Werkzeugmaschinen und Betriebslehre (WZL) der RWTH Aachen in Kooperation mit Roland Berger Strategy Consultants durchgeführt hat, wurden führende deutsche Industrieunternehmen zu ihren Globalisierungsstrategien befragt. Dabei kristallisierten sich fünf Erfolgsfaktoren für die Gestaltung eines optimalen „global footprint" heraus, die wir hier skizzieren wollen.

- *Die gesamte Wertschöpfungskette optimieren*
  Ein Unternehmen muss seine gesamte Wertschöpfungskette auf den Prüfstand stellen. Anders als bei der Internationalisierung der vergangenen Jahre geht es nicht mehr in erster Linie darum, lohnkostenintensive Fertigung in Niedriglohnländer auszulagern. Kosten- und Effizienzgewinne lassen sich nämlich entlang der gesamten Wertschöpfungskette erzielen, zum Beispiel bei Konstruktion, Einkauf, Fertigung und Montage. Das Outsourcing von administrativen Tätigkeiten kann sich lohnen. So ist der Trend zu beobachten, dass spezialisierte Anbieter in osteuropäischen Ländern Teile der Finanzbuchhaltung, der Personalabrechnung oder den IT-Support kostengünstig in hoher Qualität übernehmen.

- *Vorab Kernkompetenzen, künftiges Produktportfolio und Zielmärkte definieren*
  Der erste Schritt bei der Planung des künftigen „global footprint" ist eine klare Definition der Kernkompetenzen des Unternehmens. Ausgangspunkt dafür ist der Grundsatz, dass ein Unternehmen zwar die gesamte Wertschöpfungskette koordinieren, aber nicht alle Wertschöpfungsschritte selbst erbringen muss. Es gilt also festzulegen, welche Kernkompetenzen künftig im Unternehmen verbleiben und welche outgesourct werden. Noch eine zentrale Frage ist beim Design des „global footprint" zu beantworten: Welche Kunden will das Unternehmen in den nächsten fünf bis zehn Jahren mit welchen Produkten bedienen? Wichtig ist auch die Prognose, ob Schlüsselkunden wesentliche Module ihrer Wertschöpfung in andere Regionen verlegen und in Zukunft von neuen Standorten aus beliefert werden müssen.

- *Globale Planung mit lokaler Expertise verbinden*
  Die Auswahl der am besten geeigneten Unternehmensstandorte ist einer der wichtigsten Schlüssel für den Auslandserfolg. Für jede Funktion muss das Management zunächst überprüfen, in welcher Zielregion sie am effizientesten erbracht werden kann. Bei der Auswahl eines Standorts hat sich ein Bewertungsfilter bewährt, den jedes Unternehmen entsprechend seinen Anforderungen zusammenstellen kann. Da die Standortbedingungen einzelner Regionen sehr unterschiedlich sein können, ist das Management gut beraten, bei seiner Standortentscheidung mit einem lokal kompetenten Partner zusammenzuarbeiten.

- *Global-Footprint-Szenarien nach Risiken und Ertrag bewerten*
  Jede Verlagerung von Unternehmensfunktionen ist mit großen Risiken verbunden. Etablierte Prozessabläufe, Organisationsstrukturen und Zulieferbe-

ziehungen werden aufgebrochen, um an einem anderen Standort neu konfiguriert zu werden. Unter Umständen erfordert dies Investitionen in beträchtlicher Größenordnung, etwa in den Aufbau einer physischen Infrastruktur wie Gebäude, Telekommunikation und IT, und/oder in die Auswahl und Schulung neuer Mitarbeiter. Auch Outsourcing ist nicht zum Nulltarif zu haben: Hier schlagen der Aufwand an Zeit und Geld bei der Suche nach geeigneten Partnern sowie die Qualitätskontrolle zu Buche. Zur Vermeidung unliebsamer (Kosten-)Überraschungen ist es deshalb beim Design des künftigen „global footprint" unabdingbar, dass alle potenziellen Szenarien nach ihrer Gesamtkostenwirkung – der so genanten „Total-Cost-to-Serve" – beurteilt werden. Nur dann ist eine fundierte Aussage darüber möglich, ob eine Verlagerung einer Wertschöpfungsstufe bzw. einer Unternehmensfunktion tatsächlich sinnvoll ist. Als Instrument für diesen Entscheidungsprozess empfiehlt sich eine Risiko-Sensivitätsanalyse; mit ihrer Hilfe lässt sich ermitteln, wie sich die Entwicklung einzelner Kostenparameter auf die Gesamtkostenstruktur des Global-Footprint-Szenarios auswirkt. Wie verändern sich zum Beispiel die Gesamtkosten, wenn die Lohnkosten an einem Standort in Osteuropa jährlich um 15% steigen? In einem weiteren Schritt müssen die verschiedenen Global-Footprint-Szenarien finanziell bewertet werden; dies geschieht am effizientesten mit einem IT-gestützten Simulationsmodell.

- *Den Transformationsprozess effizient managen*
  Ein beträchtlicher Anteil – Schätzungen liegen bei einem Drittel – der Auslandsengagements von Unternehmen scheitert oder bringt nicht die erwarteten Kosten- und Effizienzvorteile. Die Gründe dafür sind vielschichtig, aber in den meisten Fällen gehen Misserfolge beim Design einer globalen Wertschöpfungskette auf zwei Ursachenbündel zurück: Zum einen fehlen vielen Unternehmen die notwendigen internen Ressourcen – zum Beispiel erfahrene Mitarbeiter, die bereit sind, etwa zwei Jahre den Aufbau eines Auslandsstandorts vor Ort zu unterstützen. Zum anderen werden häufig die Investitionen und der Zeitraum unterschätzt, bis ein Standort im Ausland vollständig einsatzbereit ist.
  Solche Kardinalfehler lassen sich vermeiden, wenn man eine wichtige Regel berücksichtigt: Das Design eines „global footprint" ist Chefsache und braucht deshalb die Steuerung und Unterstützung des Topmanagments. Entscheidend für den Erfolg sind dabei klare Zielvorgaben, welche Ressourcen an welchem Standort erbracht werden sollen und welche Wertschöpfungsanteile im deutschen Unternehmen verbleiben.

Das Topmanagement muss sich darüber im Klaren sein, dass das Design eines „global footprints" kein einmaliges Unterfangen ist, das nach Durchführung der Aufgabe ein für allemal abgeschlossen wäre. Dem Überdenken bzw. der Organisation der internationalen Aufstellung gebührt ein Dauerplatz auf der Agenda eines jeden Unternehmens, denn die Rahmenbedingungen von Märkten waren nie dynamischer als heute: Ein Land, das bis dato stets ein Niedriglohnland war, zieht

Unternehmen an, daraufhin steigt die Nachfrage nach inländischen Arbeitskräften und damit auch ihr Preis, also das Lohnniveau. Dementsprechend müssen Firmen ihre Standortentscheidungen immer wieder auf den Prüfstand stellen und ihren „global footprint“ an Veränderungen anpassen.

In allen Branchen schlummern große Cash-Reserven

Die Cash-Potenziale verschiedener Branchen unterscheiden sich erheblich: Sie liegen zwischen 9% und 50% des operativen Betriebskapitals. Trotz der großen Schwankungsbreite machen die Ergebnisse aber auch deutlich, dass die Potenziale in allen Branchen erheblich sind. Dies bestätigen die absoluten Zahlen eindrucksvoll, bei denen wir einzelne Branchen zu Industrien zusammengefasst haben (siehe Abbildung 28).

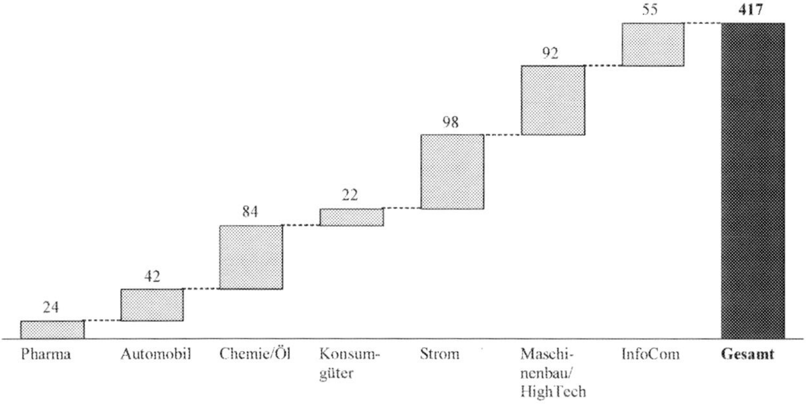

Abb. 28: Die Gesamtpotenziale in den untersuchten Industrien [Mrd. EUR]

Mit der Identifizierung von Cash-Reserven allein ist es natürlich nicht getan. Ob ein Unternehmen in der Lage ist, dieses Potenzial zu realisieren, hängt entscheidend von der Fähigkeit des Managements ab, Prozesse und Strukturen effizient zu gestalten. Natürlich ist es unrealistisch anzunehmen, dass es Unternehmen *kurzfristig* gelingt, die Potenziale 100-prozentig auszuschöpfen. Dies gilt insbesondere für die im Anlagevermögen verborgenen Cash-Reserven. Basierend auf unserer Projekterfahrung und zahlreichen Expertengesprächen gehen wir davon aus, dass hier 10-30% des Cash-Potenzials schnell gehoben werden können. Bei den Beständen sind es 50-60% und beim Management von Forderungen und Verbindlichkeiten sogar 70-90%. Insgesamt kommen die in der Umsetzung führenden Unternehmen so auf eine Summe von 240 Mrd. Euro, also knapp 60% des Gesamtpotenzials, die kurzfristig zur Wachstumsfinanzierung zur Verfügung stehen. Im Mittel dürfte die Realisierungsrate jedoch konservativer ausfallen.

Folgendes Fazit lässt sich ziehen: Unternehmen verfügen über große Cash-Reserven, die in internen Quellen stecken und durch aktives Management von Forderungen und Verbindlichkeiten, von Vorräten und des Anlagevermögens freigesetzt werden können. Diese Cash-Reserven sind aus mehreren Gründen prädestiniert, das Wachstum von Unternehmen zu finanzieren. Erstens gebieten schlicht die wirtschaftliche Vernunft und der Wettbewerb, solch große Potenziale nicht ungenutzt zu lassen. Ist die Konkurrenz hier schneller, kann das schnell zu einem Wettbewerbsnachteil führen. Zweitens lassen sich so die Aufwendungen für die externe Finanzierung verringern. Und schließlich wirkt die Effizienzsteigerung, die notwendig ist, um die internen Cash-Reserven innerhalb des Wachstumsalgorithmus zu heben, selbstverstärkend: Die freigesetzten Mittel werden in die Finanzierung von Wachstum gesteckt, Wachstum führt zu Skaleneffekten, und durch Skaleneffekte werden zusätzliche Mittel generiert, die wiederum in Wachstum oder Effizienzsteigerung gesteckt werden können.

7. Durch Wandel zum Wachstum – Change Management als Mobilisierungskraft

Auf einen Blick:
Will das Topmanagement das Unternehmen an die Spitze führen bzw. dort halten, steht es vor einer großen Herausforderung: Es gilt, die Organisation gleichzeitig wachstumsfähig und wachstumsbereit zu machen. Es gilt, die Mitarbeiter permanent zu Höchstleistungen anzuspornen, um die Doppelstrategie aus Expansion und Wachstum erfolgreich zu verwirklichen. Dieses hehre Ziel wird jedoch in der Praxis häufig verfehlt. Wesentliche Wachstumshemmnisse – so das Ergebnis einer Umfrage – finden sich bei Defiziten in der Unternehmenskultur. Solche Limitationen lassen sich durch einen Veränderungsprozess beseitigen, der den Wandel zu einer dezentralen Vertrauensorganisation bewusst steuert und auf diese Weise das Wachstumspotenzial eines Unternehmens freisetzt. Die Change-Management-Ansätze der Vergangenheit sind dabei um wesentliche Elemente zu ergänzen: Change Management muss einen expliziten Bezug zur Unternehmensstrategie haben und sowohl restrukturierende als auch vorwärts weisende Elemente umfassen. Veränderungen dürfen sich keinesfalls in oberflächlicher Kosmetik erschöpfen; das Ziel ist ein Transformationsprozess, nach dessen Abschluss das Unternehmen grundlegend erneuert ist. Mit dem „4C-Ansatz" stellen wir ein Modell vor, das sich besonders dadurch auszeichnet, dass es entscheidende Aspekte zur Mobilisierung der Mitarbeiter kombiniert.

Die Mobilisierung der Mitarbeiter als Schlüssel zum Erfolg

Unsere Diskussion des Wachstumsphänomens hat besonders herausgestellt, dass die qualitativen Fähigkeiten der Managementebene darüber entscheiden, ob ein Unternehmen in die Gruppe der Erfolgreichen („Outperformer") gehört oder ob es im Mittelfeld bzw. möglicherweise gar in den kritischen Sektoren verharrt. Solche qualitativen Indikatoren sind klar zu benennen: Schafft es die Mannschaft an der Spitze, das Wachstumspotenzial sowohl strukturell als auch kulturell zu beschleunigen, also die Organisation wachstumsfähig *und* wachstumsbereit zu machen? Ist sie in der Lage, Rahmenbedingungen zu schaffen, in denen die kreativen und unternehmerischen Fertigkeiten, die die Mitarbeiter in sich tragen, maximal zur Wirkung gelangen? Erreicht das Topmanagement, aus operativer *excellence* einen sich selbst verstärkenden Prozess, also das Perpetuum mobile des Wachstums, zu machen? Und schließlich, ist die Führung dazu fähig, die Doppelstrategie aus

Effizienzsteigerung und Expansion so zu gestalten, dass die Mannschaft dauerhaft motiviert bleibt? Oder besteht die Gefahr, dass die besten Leute unterwegs verloren gehen, weil sie für sich keine Perspektive erkennen?

Die Fragen sind umso drängender, als in den meisten Unternehmen eine klare Vorstellung davon existiert, was die Menschen an der Spitze leisten sollen; gleichzeitig ist aber auch eine durchaus selbstkritische Erkenntnis darüber vorhanden, wo die eigenen Defizite liegen. In unserer Umfrage „Zum Wachstum führen" zeigten sich viele befragte Manager sich selbst und ihren Unternehmen gegenüber in der Eigenanalyse schonungslos offen: Sie wissen, wie wichtig Personen als Wachstumsmotor sind, bemerken aber im eigenen Haus die Differenz zwischen Soll und Wirklichkeit, etwa bei der Formulierung einer Vision für das gesamte Unternehmen, bei der Motivierung der Mitarbeiter, bei der Definition und Einsetzung quantitativer Zielvorgaben oder ihrer persönlichen Kundennähe (siehe Abbildung 3 in Kapitel 1). Es gibt also einen Aufholbedarf bei wachstumsrelevanten Führungskomponenten top down – denn paradoxerweise fehlen gerade diejenigen Eigenschaften, die als hochgradig wachstumsfördernd gelten.

Auch sonst zeigten sich unsere Gesprächspartner in einem Maße selbstkritisch, das nicht selbstverständlich ist. In unseren Interviews führten sie zu beinahe einem Drittel kulturelle Faktoren als zentrales Wachstumshemmnis an (siehe Abbildung 29).

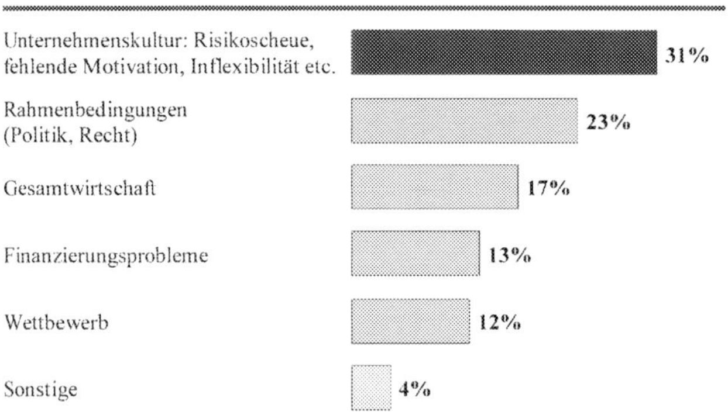

Abb. 29: Wesentliche Wachstumshemmnisse innerhalb von Unternehmen

Unsere Umfrage ergab außerdem, dass zwischen den wachstumsrelevanten Elementen und ihrer Realisierung eine Lücke besteht (siehe Abbildung 30), insbesondere weil

- Entscheidungsstrukturen häufig unklar sind,
- das Kundenverständnis oft zu wenig ausgeprägt ist,

- eine Vertrauenskultur nur unzureichend gelebt wird
- und Informationen nicht im wünschenswerten Maß frühzeitig und proaktiv weiter gegeben werden.

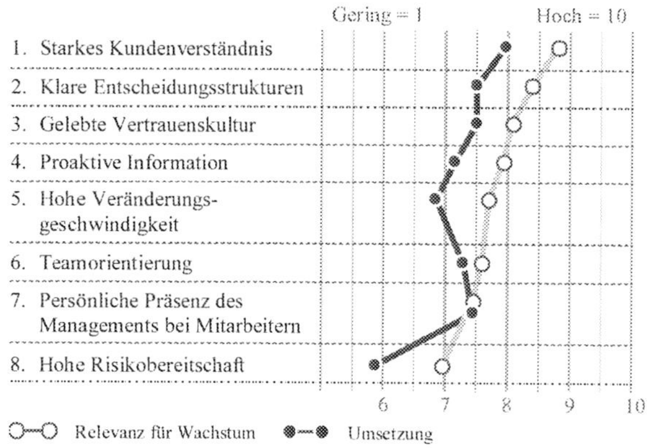

Abb. 30: Umsetzungslücke bei wachstumsrelvanten Elementen der Unternehmenskultur

Das Stichwort Realisierung bringt uns zum Thema dieses Kapitels: Wie sieht der notwendige Veränderungsprozess aus, den ein Unternehmen initiieren muss, um aus bestehenden Limitationen für Wachstum heraus zu kommen? „Change Management" ist ein in diesem Zusammenhang oft verwendeter Begriff. Er will signalisieren, dass sich der Übergang zur Wachstumsfähigkeit und Wachstumsbereitschaft steuern lässt. Das wäre auch wünschenswert – die Realität in der Unternehmenspraxis freilich ist geprägt von zahlreichen Ansätzen, die im Sande verlaufen sind oder zumindest nicht die gewünschten Ergebnisse erzielt haben. Natürlich liegt das teilweise an handwerklichen oder planerischen Problemen, etwa einem überambitionierten Zeitplan, einem Zuviel an Komplexität, dem Fehlen eines expliziten Ziels, auf das alle eingeschworen werden können, verfrühter Siegesgewissheit usw. In vielen Fällen liegt das eigentliche Problem aber woanders.

Aus unserer Projekterfahrung kennen wir zwei Haupthindernisse für notwendige Veränderungsprozesse: Zum einen lässt sich in vielen Vorstandsetagen eine gewisse Trägheit beobachten. Sie entspringt nicht etwa bewusster Passivität, sondern ist das Resultat einer fein austarierten Balance, beispielsweise zwischen den verschiedenen Geschäftsbereichen oder zwischen Gewerkschaften und Unternehmensführung. Jede Veränderung bedroht dieses mühsam geschaffene Gleichgewicht mit Unruhe – deshalb gibt man sich mit suboptimalen Verhältnissen zufrieden, besonders dann, wenn man zwar nicht auf außergewöhnliche, wohl aber solide Wachstumsdaten verweisen kann. Klar ist aber, dass damit die eine Hälfte des angestrebten Doppels aus Wachstumsfähigkeit und Wachstumsbereitschaft fehlt. Und wenn schon das Management nur auf Grund von externem, also marktseitigem, oder internem, in der Regel zahlengetriebenem, Druck Veränderungsprozesse einleitet, wie will es dann die Mitarbeiter zu eigenständigem und vorausschauendem Denken und Handeln motivieren?

Zum anderen ist der Begriff des Wandels in vielen Unternehmen heute geradezu verbrannt. Halbherzige, überstürzte, unsystematische, oft nicht zu Ende geführte Veränderungsprogramme haben über viele Jahre die Bereitschaft der Mitarbeiter unterminiert, weitere Umbauten mitzutragen. Die angelsächsische Literatur hat dafür einen Namen: Die Mitarbeiter sind „change fatigue", sie haben die Nase voll, dass sich laufend etwas ändert.

Auf Basis dieser Beobachtungen sind wir zu der Einsicht gelangt, dass es nicht so sehr an einem neuen konzeptionellen Ansatz für erfolgreiche Change-Prozesse mangelt. Vielmehr brauchen wir ein verändertes Verständnis gegenüber dem Transformationsprozess, denn die Haltung bestimmt sowohl die Ziele als auch das Vorgehen. Und nur mit der richtigen Haltung besteht Aussicht auf Erfolg.

In der Konsequenz bedeutet diese Ableitung aus der Empirie, dass viele der in den 90er Jahren entwickelten Change-Management-Ansätze im Kern weiter verwendet werden können. Sie brauchen lediglich folgende ergänzende Elemente:

1. Change Management muss explizit auf eine Unternehmensstrategie bezogen werden.

2. Change Management muss zugleich restrukturierende wie vorwärts weisende Elemente umfassen.

3. Die Veränderung muss in eine Transformation münden, die ein expliziter und bewusster Kraftakt ist, der das gesamte Unternehmen erfasst – es geht darum, neue Maßstäbe einzuführen und zu verankern, sodass das Unternehmen nach Abschluss des Transformationsprozesses innerlich erneuert worden ist.

Was macht diese Punkte so wichtig und erfolgskritisch? Nur dann, wenn klar und eindeutig in Richtung einer analytisch abgeleiteten Zielstellung transformiert wird, entsteht der notwendige Zug. Dieser Hebel wird umso wirksamer, je breiter die Strategiedefinition innerhalb des Unternehmens verankert wurde. Dann nämlich lässt sich zum einen Commitment aus der Partizipation ableiten, zum anderen steigt die Bereitschaft, unvermeidliche Konflikte auszutragen, weil bei allzu großer Nachgiebigkeit die Strategie insgesamt (und ihre Glaubwürdigkeit) leidet.

Dies gilt umso mehr, als die Strategie gleichermaßen Vorgaben für die Kostenposition (operative *excellence*, Geschäftsportfolio, ...) als auch für die Wachstumsorientierung integrieren muss. Das aus der Strategie abgeleitete Change Management entwickelt dann das Unternehmen in Richtung beider Ziele zugleich. Damit wird der geradezu typische Vorwurf obsolet, es gehe nur um Kostenprogramme ohne Langfristperspektive.

Die auf die strategischen Ziele bezogene Parallelität ist auch insofern bedeutsam, als das Neben- und Miteinander von Kontraktion und Expansion heute eine Herausforderung für das Management darstellt. Der Change-Prozess will es nachgerade ermöglichen, dass die Mitarbeiter auf beides vorbereitet und für beides motiviert werden: Einerseits nicht nachzulassen im Streben nach Produktivität und Effizienz, andererseits die Erfahrung zu machen, dass das Topmanagement einen langfristig ausgerichteten Plan für die Unternehmensentwicklung hat, für den es persönlichen Einsatz braucht und sucht.

Bei der konkreten Gestaltung des Change-Prozesses ist es durchaus wertvoll, sich an Kurt Lewins psychologisch fundiertes Veränderungsgesetz zu erinnern, das drei aufeinander folgende Stadien eines Wandlungsprozesses voneinander abgrenzt: Erstens die Phase der Auftauens („unfreezing"), also ein bewusstes Aufschließen der Organisation zu Gunsten der Veränderung – zweitens die operative Phase, in der die Veränderungen implementiert werden („changing") – und abschließend eine Stabilisierungsphase („refreezing"), durch die der Prozess bewusst und explizit abgeschlossen wird.

Lewins Modell findet sich zwar in den einschlägigen Lehrbüchern, doch werden seine fundamentalen Einsichten in der Praxis wenig gelebt. Dabei ist schon intuitiv verständlich, dass Menschen nach einem Fixum, einem mindestens temporären Gleichgewicht suchen, das ihnen Orientierung bietet. Lewin antwortet darauf, indem er zwei Aspekte hervorhebt: Zum einen verlässt sein idealtypischer Prozess den gegebenen „alten" Gleichgewichtszustand, indem der Übergang in die Phase der Veränderung gestaltet und nicht einfach verordnet wird. Zum anderen beschließt er die Veränderungen durch das „refreezing", also die erneute Stabilisierung. Dies ist deshalb so wichtig, weil nicht das Aufgeben des alten Status oder der Ablauf des Wandlungsprozesses die Ziele der Transformation darstellen, sondern die im positiven Sinne veränderte, also die für Neues bereite Organisation. Für ihre Akzeptanz und ihren Erfolg braucht sie das Signal, dass sie den neuen Gleichgewichtszustand darstellt und aus sich heraus den zwangsläufig mit Unsicherheit verbundenen Prozess der Veränderung beendet. Anders ausgedrückt: Wer sich auf den Weg macht und auch andere in Aufbruchsstimmung versetzen will, muss auch sagen, wann das Ziel erreicht ist. Ein Wandel ohne definiertes Ende schadet der Akzeptanz genauso, wie wenn Veränderungsvorgänge laufend ausgeweitet und Fristen permanent verlängert werden.

Lewins Modell bestimmt das Rückgrat des anzustrebenden Prozesses – es stützt die einzelnen inhaltlichen Komponenten. Gerade dann, wenn sich ein Unternehmen zu einer Vertrauensorganisation entwickeln will, weil es auf den Pfad hohen Wachstums einschwenken möchte, gilt die Devise: Der Weg ist das Ziel. Die Versprechen der Vertrauensorganisation müssen schon im Prozess ihrer Entstehung eingelöst werden. Das ist umso schwieriger, als der Wandel zur Vertrauensorganisation einen grundlegenden Wandel darstellt und nicht lediglich eine sukzessive Verbesserung bestehender Prozesse. Einzubeziehen sind sowohl die Handlungsebene als auch der Wertekanon des Unternehmens. Erfolg beim Aufbau einer Vertrauensorganisation – gemessen als Akzeptanz, Mobilisierung zu Wachstum, Innovationsstimulierung usw. – setzt deshalb voraus, dass das Topmanagement hochgradig präsent ist und alle einzelnen Change-Prozesse auf Basis eines detaillierten Vorgehensplanes exakt steuert. Veränderungsprojekte kann man nicht delegieren, indem man das Ziel festlegt und einen Projektmanager einsetzt. Die Mitarbeiter wollen direkt sehen und erleben, dass ihre Manager die Ärmel hochkrempeln, mit anpacken, bei Fragen (und Sorgen) hinhören. Die Glaubwürdigkeit des gesamten Veränderungsvorhabens hängt an der unmittelbaren Teilnahme von ganz oben – denn eines muss klar sein: Transformation ist nicht weniger als die Umsetzung einer Geschäftsstrategie, und – so die Wahrnehmung auf Mitarbeiterebene – wer sich nicht entsprechend engagiert, glaubt auch nicht an seine Strategie. Die Qualität eines Managementkreises zeigt sich während eines Veränderungsprozesses. Das gilt sowohl für die umsichtige Planung und Vorbereitung als auch für die aktive und umfassende Begleitung.

Was das bedeutet? Dass Change Management einiges mehr an zeitlichem Aufwand und persönlicher Energie erfordert, als mancher Manager anfangs glauben will. Dass er nicht zuletzt deshalb auch einen optimalen Weg zwischen zwei Extremen suchen muss: Sich in kleinsten Details zu verlieren („information overload") ist ebenso wenig zielführend wie sich weitgehend aus dem Projekt herauszuhalten. Die Prioritätenliste während einer Transformation muss anders aussehen als im alltäglichen Fahrwasser.

Einige weitere Aspekte, die wir in Schlagzeilenform einführen wollen, erscheinen uns ebenfalls zentral für den Erfolg:

- *Morgen ist heute*
  Die Zukunft muss sehr greifbar sein, das heißt, die Mitarbeiter wollen zum einen schnell konkrete Erfolge sehen („quick wins"), zum anderen wollen sie das Neue ab dem Moment seiner Ankündigung erleben können. Der beinahe klassische Fehler in diesem Kontext ist, etwas Neues in Aussicht zu stellen, auf dem Weg dorthin aber wieder in alte Verhaltensmuster zu verfallen. Verhält sich die Führung nicht entsprechend, werden die Mitarbeiter ihr kaum abnehmen, dass sich das später ändert. Das Topmanagement muss daher das vorleben, was es von den Mitarbeitern erwartet. Mit anderen Worten: Von anderen Veränderungsbereitschaft zu verlangen und dabei selbst Verhaltensstarre an den Tag zu legen, schadet der Glaubwürdigkeit des ganzen Konzepts. Ein Beispiel: Wer eine Kultur der Einbindung verspricht, darf das Change Management nicht nur von den Führungskräften planen und durchführen lassen, sondern muss eine breite Partizipation der Mitarbeiter ermöglichen.

- *Change-Prozesse als „Erlebnis"*
  Wenn Mitarbeiter ganz konkret erleben, dass die Veränderung alle gleichermaßen betrifft, steigt ihre Bereitschaft zur Partizipation. Es ist deshalb durchaus wertvoll, an möglichst vielen Stellen parallel mit dem Um- oder Neubau zu beginnen, um zum einen das Gefühl zu vermeiden, dass einige

ihre Traditionen und Muster behalten dürfen, während andere sich den Mühen der Veränderung unterziehen müssen.
Zum anderen entsteht so der erwünschte Eindruck einer Organisation im Aufbruch: Die Veränderung möglichst vieler Dinge zugleich erzwingt die Umorientierung im positiven Sinne und verbessert dadurch die Flexibilität. Die Bedingung freilich ist, dass die Prozesse koordiniert verlaufen und klar nachgehaltenen Zielen folgen.

- *Ganzheitlich denken, planen, agieren*
  Eine wichtige Voraussetzung im Rahmen einer umfassenden Erneuerungsstrategie lautet, ganz klar zu ermitteln, was für die gesamte Organisation das beste Modell ist – also die verbindende Gemeinsamkeit über alle dezentralen Einheiten des Unternehmens hinweg. Genau hierin liegt die Kraft des von uns vorgestellten Modells: Dezentrale Marktstärke wird durch eine Klammer aus Führungsprinzipien, Benchmarking-Leitlinien, Kultur usw. auf einer höheren Ebene integriert und entfaltet dadurch ihr Leistungspotenzial. Dort, wo Spezifika der Einheiten individuelle Programme notwendig machen, muss von oben her eingefordert und sichergestellt werden, dass diese Initiativen als Teil einer übergeordneten Veränderungsstrategie funktionieren, dass sie also einen Beitrag zur Entwicklung der gesamten Organisation leisten.

- *Die Einstellung zählt*
  Wir haben bereits darauf hingewiesen, dass eine sehr aktive Rolle des obersten Führungskreises und die darauf abgestimmte kommunikative Vermittlung ausschlaggebend für den Erfolg eines Change-Prozesses sind. Ein Projekt in der Größenordnung einer umfassenden Transformation kann aber nicht allein von den Menschen ganz oben gemacht werden – auf allen Ebenen sind Mitarbeiter notwendig, die für Veränderungen aufgeschlossen sind und den Wandel vorantreiben. Nur wenn ein breites Verständnis dafür vorhanden ist, dass man sich auf den Weg machen muss und wie dies optimalerweise geschehen soll, kann die Mobilisierung in der Organisation greifen.

- *Kein Strohfeuer entfachen*
  Change Management ist nur wirksam, wenn es orientiert ist an eindeutigen Zielen, die auch quantitativ hinterlegt sind. Allgemeine Beschreibungen von Erwartungen oder nebulöse Ziele schaffen kein Commitment, sondern provozieren Strategien des Unterlaufens. Nur das, was sich messen lässt (und was auch gemessen wird!), wird auch tatsächlich verändert.

- *Strategiewechsel vermeiden*
  Change Management kann nur erfolgreich sein, wenn während des gesamten Prozesses eine konsistente Strategie verfolgt wird. Ständige Wechsel führen zur Verunsicherung der Mitarbeiter oder der oben erwähnten „change fatigue“. Das bedeutet vor allem, dass der Change-Management-Prozess sorgfältig vorbereitet sein muss, aber auch, dass während des Prozesses ständig überprüft wird, ob der geplante und kommunizierte Kurs eingehalten wird.

- *Veränderungs-Know-how als Kernkompetenz pflegen*
  Wie Veränderung gut funktioniert, kann man nicht im Trockendock lernen, sondern nur in der Praxis. Wer „change skills" hat, muss sie pflegen, wie jedes andere flüchtige Wissen auch – und das bedeutet, dass Unternehmen das entsprechende Know-how kultivieren müssen. In einer Phase, wo immer wieder die Anforderung auftritt, sich flexibel zu verhalten, wird dieses interne Wissen zu einer begehrten Ressource, die (teure) Fehler vermeiden helfen kann. Die Träger des Veränderungswissens müssen ihr Know-how multiplizieren, aber nicht nur in Seminaren, sondern durch praktische Anleitung jener Kollegen, die aktuelle Veränderungsprozesse steuern. Eine breite Einbindung, also eine ernst gemeinte Partizipation, vergrößert den Kreis der Wissenden.

Nur am Rande: Eine Vertrauensorganisation lebt natürlich auch durch das Eingeständnis von Fehlern. Die häufig geäußerte Einschätzung, dass nur ein vollkommen fehlerfreier Veränderungsprozess zu Akzeptanz bei den Mitarbeitern führt, ist so pauschal nicht richtig. Veränderung lebt von Dynamik, und diese Dynamik kann ebenso Planungen beeinträchtigen wie eine Veränderung der externen Rahmenbedingungen. Jedes Change Management braucht einen Modus der Fehlerkorrektur und der Anpassung an eine veränderte Umwelt. Je offener dies kommuniziert wird, je gelassener auf Konflikte reagiert wird (was freilich nicht die Ernsthaftigkeit einer Konfliktlösung in Frage stellen darf), desto besser erkennen die Mitarbeiter, dass es nicht darum geht, einen vorbestimmten Plan einfach um jeden Preis durchzusetzen, sondern dass sie Unternehmertum in seiner besten Form miterleben dürfen.

Klar muss aber auch sein: Man darf Fehler nicht leichtfertig verursachen. Handwerkliche Schlampereien beispielsweise erkennen die betroffenen Mitarbeiter umgehend. Wer ein Change-Programm ausruft, ohne bereits alle Meilensteine des Weges zu kennen und wer aus diesem Grund laufend nachbessern muss, verliert schnell das notwendige Vertrauen und damit seinen eigentlichen Mobilisierungshebel. Die Managementliteratur thematisiert im Kontext mit unternehmerischen Veränderungen immer wieder (und wir können dies durch unsere Projekterfahrung bestätigen), dass vielen Unternehmen das Change-Ziel fehlt, das heißt in unserem hiesigen Kontext: Sie haben potenzielle Wachstumsfelder weder erfasst noch detailliert bewertet und/oder sie haben mögliche Effizienzhebel nicht identifiziert und durchgerechnet. Sie haben damit keine dauerhaft plausible Basis für die „Story", die die notwendige Voraussetzung für jede Art von Veränderungsprozessen darstellt, weil erst eine gute Story den zunächst nüchternen, durch Zahlen begründeten Managementprozess mit Leben füllt.

„4C" – die Toolbox des Change Managements

Unsere Expertise in der Begleitung von Veränderungsprozessen in Unternehmen haben wir in ein Modell gebracht, das die entscheidenden Aspekte zur Mobilisierung der Mitarbeiter kombiniert (siehe Abbildung 31). Wie wir oben bereits geschrieben haben, ist diese Mobilisierung das eigentliche Ziel jedes Change Managements, das zugleich nach Wachstum wie nach operativer *excellence* strebt: Eine mobilisierte Belegschaft ist Veränderungen gegenüber aufgeschlossen, flexibel, engagiert. Soll eine Strategie im harten Wind des Wettbewerbs auf den Märkten wirklich greifen – also ökonomisch Erfolg bringen –, dann müssen die Mitarbeiter sie konkret mit Leben erfüllen können. Das setzt Veränderungen an vier Punkten voraus:

Content	**Commitment**	**Capabilities**	**Culture**
• Unternehmensaudit (strategisch, operativ)	• Management by Objectives	• Effizientes Programm-/ Projektmanagement	• Führungsleitlinien
• Ziel-/Messgrößen-Systeme	• Beurteilungssysteme (z.B. 360°-Feedback)	• Coaching	• Qualitätsmanagement
• Leitbildentwicklung	• Vergütungs- und Anreizgestaltung	• Teambuilding/ -effektivität	• Lernende Organisation
• Kulturerhebung durch Mitarbeiterbefragung	• Reward-Management	• Kompetenzmodelle	• Arbeitsstrukturierung (Job Rotation, Job Enrichment)
• Großgruppenintervention/Open Space Sessions	• Management-Audit	• Trainings/Personalentwicklung	• Teamstrukturen (z.B. teilautonome Arbeitsgruppen)
• Führungskräftekonferenzen	• Feedback durch Stimmungsbarometer, Dialogveranstaltungen etc.	• Leadership-Entwicklung	• Change-Controlling
• Interne Kommunikation durch Kaskaden und zielgruppenspezifische Kanäle		• Bildungscontrolling	
• Externe Kommunikation		• Tests/Potenzialanalyse	

Abb. 31: Überblick über Maßnahmen zur Mobilisierung während eines Change-Management-Prozesses

Content – Veränderungsinhalte kommunizieren

Gute Kommunikation, also offenes, ehrliches, zeitnahes Miteinandersprechen, bildet aus gutem Grund das Herzstück einer Vertrauensorganisation. Auch in einer Umbauphase kommt es darauf an, so umfassend wie möglich zu kommunizieren. Der entscheidende qualitative Faktor dabei ist, dass Notwendiges und Konkretes mitgeteilt wird, aber die Kommunikation ebenso die Gefühle der Mitarbeiter ansprechen muss. In einer europaweiten Studie, die wir gemeinsam mit der Business School Insead durchgeführt haben, konnten wir herausfinden, dass es nicht nur von zentraler Bedeutung ist, die Ziele der Transformation zu vermitteln, sondern auch, eine Vision zu kommunizieren, die als langfristiger Orientierungspunkt dient. Damit ein solches Vorgehen erfolgreich ist, die Mitarbeiter also auch wirklich überzeugt und mitreißt, ist es natürlich notwendig, dass die Vision im Laufe des Change-Management-Prozesses mit Leben gefüllt wird. Denn der Erfolg eines Change Management steht schnell in Frage, wenn Topmanagement und Marketing-Leute nur schöne Slogans entwickeln, bei denen die Mitarbeiter bald bemerken, dass sie nur heiße Luft kaschieren.

Deshalb ist es geradezu vital, im Vorfeld und während des Change-Management-Prozesses für mitteilbare Inhalte zu sorgen. Neben der Formulierung der Vision und der Vorstellung geeigneter Messgrößen, um die Zielerreichung zu überprüfen, bedeutet das auch, die Mitarbeiter direkt nach ihren Erwartungen und Wünschen zu fragen und die dabei gewonnenen Ergebnisse dann auch zu kommunizieren.

Eine Umfrage im Rahmen der eben genannten Studie förderte ein selbstkritisches Bild der Unternehmen zu Tage: Sie konnten benennen, wo ihre Kommunikationsprozesse Verbesserungspotenziale haben, sie wissen also ex post, welche Bereiche ein besonderes Augenmerk erfordern. Im Einzelnen handelt es sich darum, die Bedeutung für die Dringlichkeit des Wandels während des ganzen Prozesses aufrechtzuerhalten, umfassender und klarer bezüglich des gewünschten Ergebnisses des Prozesses zu informieren und früher und stärker auf der persönlichen Ebene zu kommunizieren.

Commitment – Unterstützung des Wandels incentivieren

Wandel funktioniert nur dann, wenn die Organisationsmitglieder von der Dringlichkeit des Wandels überzeugt sind und wenn innerhalb der Organisation eine Motivationswelle erzeugt wird, die den Veränderungsprozess auf allen Ebenen vorantreibt. Diese Welle muss ausgelöst sein durch das vorbildliche Verhalten der Unternehmensspitze und von dort aus alle Hierarchieebenen erfassen. Besonders dem mittleren Management kommt eine entscheidende Rolle als Multiplikator zu – wobei unsere Studie mit Insead ergeben hat, dass gerade diese Ebene Veränderungsprozessen oft kritisch gegenübersteht. Ein Grund ist, dass hier eine abteilungsbezogene Denk- und Bewertungshaltung ausgeprägt ist, „the big picture" also nicht erkannt wird. Umso entscheidender ist es, neben inhaltlicher Überzeugungsarbeit hier mit Prämien und besseren Karriereperspektiven für eine Unterstützung des Wandels zu sorgen. Basis dafür ist ein Zielvereinbarungssystem. Wichtig ist dabei, dass die Ziele auch wirklich verbindlich sind und definierten Kriterien genügen:

- *Individualität:* Die Ziele müssen vom Einzelnen beeinflussbar sein und ihm ein klares Verständnis für den Zusammenhang von Handlung und Ergebnis vermitteln.

- *Messbarkeit:* Die erwarteten Ergebnisse müssen genau spezifiziert werden, damit sich eindeutig feststellen lässt, ob festgelegte Ziele erreicht worden sind.
- *Aktionsorientierung:* Mit den Zielen müssen konkrete Handlungen für die Unterstützung des Veränderungsprozesses verbunden sein.
- *Relevanz:* Die Ziele müssen mit Blick auf den Veränderungsprozess wichtig sein, ihm also die richtige Orientierung vorgeben.
- *Terminliche Festlegung:* Der Zeitraum, in dem die Ziele erreicht werden können, muss überschaubar sein.

Capabilities – Fähigkeiten entwickeln

Der Fokus liegt hier auf der Entwicklung von zwei Arten von Fähigkeiten: Zum einen von solchen, die den Veränderungsprozess positiv beeinflussen und ihm wertvolle Impulse geben; dazu gehört im Wesentlichen, die sozialen und kommunikativen Kompetenzen der Führungskräfte und Mitarbeiter zu fördern. Ganz entscheidend ist es natürlich, die Personen durch Trainings zu befähigen, die den Change-Management-Prozess vorantreiben sollen: „change leaders", die Task Forces leiten, Workshops durchführen, als Multiplikatoren agieren usw. Zur Motivation benötigen „change leaders" auch entsprechende Incentivierungen und Karriereperspektiven, die über die Phase des Change-Management-Prozesses hinausweisen. Wichtig ist außerdem, neue Formen der Zusammenarbeit zu unterstützen, etwa die Bildung von intra- oder interorganisationalen Netzwerken.

Zum anderen braucht ein Unternehmen ein Konzept, welche Fähigkeiten in welchem Umfang nach Abschluss der Transformation benötigt werden. Solche Fähigkeiten und Kenntnisse gilt es gezielt aufzubauen, um möglichen Expertiseengpässen entgegenzuwirken, die vom Personalmarkt nicht befriedigt werden können.

Culture – Unternehmenskultur gestalten

Schließlich geht es darum, einen organisationalen Rahmen zu schaffen, der die Fähigkeit und Bereitschaft eines Unternehmens zur Veränderung dauerhaft fördert. Hier greift gerade das Modell der Vertrauensorganisation als ein Ansatz, der die notwendige Flexibilität mit einem konkreten Anreiz verbindet, nämlich der Aufforderung, die Firma gemeinsam weiterzuentwickeln.

Die Unternehmenskultur ist fest in der Organisation zu verankern. Dieser Anspruch darf nicht unverbindliches Lippenbekenntnis bleiben, sondern muss in konkrete Ziele übersetzt werden. Durch ein Monitoring lässt sich dann überprüfen, ob die anvisierten Ziele erreicht wurden. Dazu wird zu Beginn des Change-Management-Prozesses eine Erhebung zur Unternehmenskultur durchgeführt. Diese

Mitarbeiterbefragung zeigt ein aktuelles Bild der Stimmung im Unternehmen und legt die Werte offen, die die Unternehmens- und Führungskultur determinieren. Als relevante Inhalte werden dabei zum Beispiel die Kulturdimensionen Zusammenarbeit, Arbeitsorientierung und -prozesse, Mitarbeiterführung sowie Kommunikation und Information erfasst.

Die Erhebung erfolgt in der Regel schriftlich auf der Grundlage eines Fragebogens. Zielgruppe der Befragung ist eine repräsentative Stichprobe der im Unternehmen Beschäftigten. Zur vertiefenden Diskussion der Fragestellungen dienen Interviews. Durch eine Wiederholung der Erhebung während bzw. zum Abschluss des Change-Management-Prozesses lässt sich die Befragung als Monitoring-Instrument einsetzen.

Eine Transformation umfassend aufsetzen

Die „4Cs" benennen die relevanten Themenkreise für einen Veränderungsprozess und beschreiben das inhaltliche Programm. Wie wir einleitend betont haben, muss ein solches Vorhaben so aufgesetzt werden, dass es das Unternehmen in seiner Gesamtheit erfasst: Will man Stoßkraft erzeugen und die Belegschaft wirklich mobilisieren, dann kann es nicht darum gehen, nur vereinzelte Schwachstellen anzugehen. Das Management muss vielmehr die Erneuerung des gesamten Unternehmens ins Blickfeld nehmen, also eine grundlegende Transformation ansteuern. Nur so lässt sich die anzustrebende Doppelstrategie aus Wachstumsfähigkeit und Wachstumsbereitschaft auch wirklich innerhalb eines Unternehmens verankern. Das übergeordnete Ziel aller im Rahmen einer Transformation durchgeführten Maßnahmen ist es, die erforderliche Anpassungsfähigkeit im Wertesystem und im Handeln einer Organisation dauerhaft zu verankern. Sie bildet die Basis, um die Divergenz zwischen der Kostenoptimierung und der operativen *excellence* auf der einen Seite und einem vorwärts gerichteten Wachstumsprogramm auf der anderen Seite strategisch zu integrieren (Abbildung 32).

Um eine ganzheitlich verstandene Transformation aufzusetzen, bei der an Veränderungen auf breiter Front (d.h. in vielen Teams, an vielen Themen parallel) gearbeitet wird, ist es wichtig, einem ausgearbeiteten Stufenplan zu folgen, dessen Hauptaufgabe im Sinne Lewins darin besteht, die Mitarbeiter zunächst einmal veränderungsbereit zu machen, sie also für den Wandel zu öffnen, sie dann durch den Change-Prozess zu steuern und schließlich das Erreichte zu festigen. So herum aufgesetzt lässt sich die gewünschte hohe Mobilisierung erreichen, weil die Mitarbeiter spüren, dass sie ernst genommen und eingebunden werden.

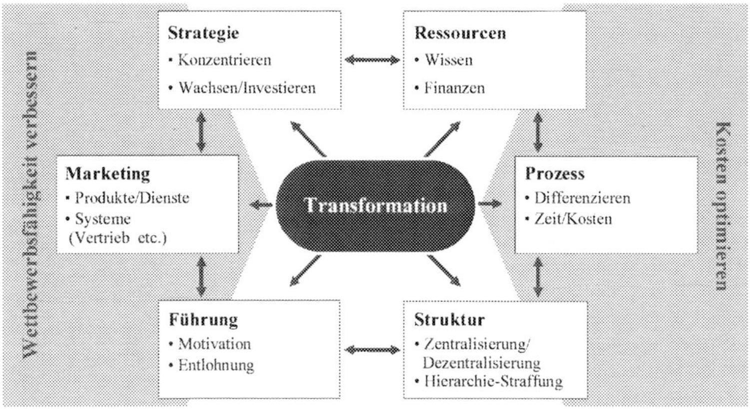

Abb. 32: Transformation als ganzheitliches Konzept zur Umsetzung der dualen Strategie Wachstum und Restrukturierung

Modellhaft sieht der Stufenplan (siehe Abbildung 33) zunächst die Phase der Initiierung vor, bei der auf Basis von Analysen (Prozesse, Funktionen, Führung, Organisation usw.) und Benchmarking (Wettbewerber, Nachbarbranchen) der Veränderungsbedarf unter Bezugnahme auf die Unternehmensstrategie abgeleitet und anschließend die Stoßrichtung festgelegt wird. Entscheidend dabei ist genau zu wissen, welches die entscheidenden Felder und Themen etwa für Wachstumsvorhaben, Innovationsprojekte und Effizienzverbesserung sind. Vorbereitend für die eigentliche Transformationsphase müssen hier auch bereits die notwendigen Mess- und Steuerungssysteme eingerichtet und eine geeignete Ablauf- und Aufbauorganisation bereitgestellt werden. Den Schlusspunkt dieser Phase bildet ein detailliertes Change-Konzept, das die Ziele nennt und sie quantifiziert – und das den Mitarbeitern eine Story für die Transformation bietet.

Die darauf aufbauende Phase setzt den Change-Prozess in Gang, indem sie an möglichst vielen Stellen in der gesamten Organisation die konkreten Maßnahmen und Arbeitsprojekte startet. Erfolgskritisch für die nun notwendige Akzeptanz ist es, dass der kulturellen Veränderung ein großes Gewicht beigemessen wird – nur auf die Wirkung der gewählten Instrumente zu setzen, wäre bei weitem nicht ausreichend. Die Veränderung muss jetzt, in dieser Phase, erfolgen, und wenn dies ausbleibt, steht der Erfolg des gesamten Vorhabens in Frage.

Ein wichtiger Aspekt, um hierbei nachhaltige Wirkung zu erzielen, sind so genannte „quick wins", also Maßnahmen, die bereits kurzfristig Erfolge bringen und die als Beleg dafür eingesetzt werden können, dass sich die Anstrengung der Veränderung für jeden lohnt. Daneben ist es Aufgabe der Führung, eine offene Kommunikationskultur nicht nur zu verkünden, sondern sie durch eigenes Beispiel zu etablieren und mit der notwendigen Verbindlichkeit zu versehen. Gerade den kommunikativen Maßnahmen kommt in dieser Phase eine zentrale Bedeutung zu, weil natürlich im Rahmen eines grundlegenden Umbaus kritische Stimmen laut werden, die das Vorhaben als Ganzes und seine Akzeptanz in der Breite erschweren können.

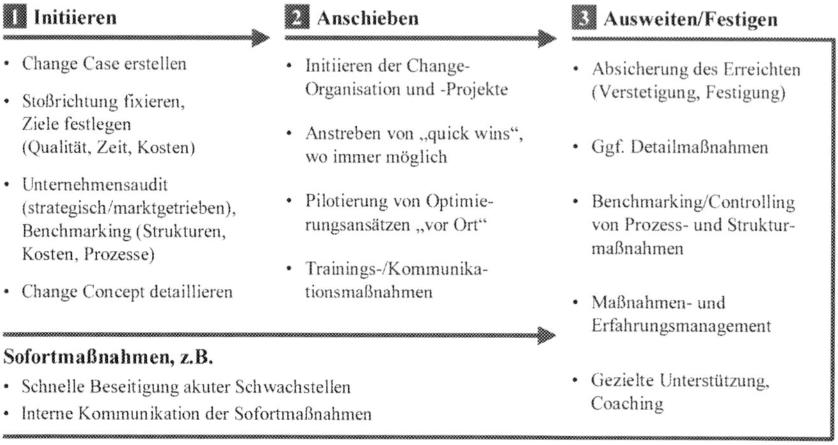

Abb. 33: Die drei Phasen des Transformationsprozesses

In der abschließenden Phase schließlich geht es darum, die Transformation zu festigen. Bei Bedarf kann man sie noch durch ausgewählte Maßnahmen ausweiten beziehungsweise erst dann komplexere Vorhaben umfassend im Detail angehen. *Jetzt* muss das Unternehmen die Kombination aus Wachstumsfähigkeit und Wachstumsbereitschaft erreicht haben, es muss überzeugt sein, dass seine Mitarbeiter geradezu darauf warten, einen Gang höher zu schalten und so dynamische Prozesse initiieren zu dürfen.

Selbstverständlich muss Transformation individuell gestaltet werden – ein „One-fits-all"-Konzept kann es nicht geben. Die Einteilung von Transformationsprojekten in drei Phasen hat sich jedoch bewährt, zumal sie sukzessive mehr Mitarbeiter einbeziehen und es vor allem zulassen, die Proportionen aus wachstumsgetriebenen Projekten und Restrukturierungsbemühungen optimal auszutarieren.

Um ein Unternehmen zu einer dezentralen Vertrauensorganisation zu wandeln und damit auf einen Kurs zu führen, der Wachstum und Restrukturierung miteinander verbindet, bedarf es einer erfolgreichen Transformation. Was eine Transformation erfolgreich macht, haben wir untersucht: Sie muss umfassend sein, sie muss operativ und strategisch sein, sie muss restrukturierende und vorwärts weisende Elemente enthalten, sie muss glaubwürdig sein und sie muss vor allem die Mitarbeiter mobilisieren, also mitreißen können. Eine Transformation ist damit kein leichter Prozess, doch ist ein Unternehmen diesen Weg mit Erfolg gegangen, wird es stabiler, leistungsfähiger und wettbewerbsstärker denn je sein.

Die makroökonomische Perspektive

Bisher hat sich unsere Darstellung auf mikroökonomische Phänomene beschränkt und die Wachstumsansätze von Unternehmen diskutiert. Neben dieser – dem Management und den Beratern natürlich aus professionellen Gründen nahe stehenden – Betrachtungs- und Analyseperspektive gibt es aber eine weitere, die keinesfalls übersehen werden darf: Unternehmerisches Wachstum ist stets auch von volkswirtschaftlicher Relevanz. Wenn die Unternehmen nicht wachsen, kann die Volkswirtschaft insgesamt nicht prosperieren. Aus deutscher Sicht ist zu ergänzen: Nur wenn die Unternehmen *am Standort* wachsen, prosperiert die Wirtschaft insgesamt. Von hoher Bedeutung ist daher, welche Rahmenbedingungen Unternehmen dort vorfinden, wo sie tätig sind.

Diese so zu schaffen, dass sie kurz- und langfristig zu Wachstumsimpulsen für Unternehmen führen, ist eine Herausforderung, der sich Politik, Gesellschaft und Wirtschaft stellen müssen. Eine Schlüsselrolle dabei spielen die Intensivierung des Wettbewerbs (etwa über betriebsindividuell vereinbarte Löhne anstelle von Branchentarifverträgen, die Stimulierung von Existenzgründungen und den Abbau von Bürokratie), eine Erhöhung der Flexibilität (z.B. durch Anpassungen beim Kündigungsschutz, mehr variable Elemente in der Entlohnung und die flexible Ausgestaltung von Arbeitsverträgen) sowie die Forcierung von Innovation (etwa durch die Steigerung von Bildungsinvestitionen, die Unterstützung lebenslangen Lernens und die Förderung von Kooperationen zwischen Universitäten und Unternehmen).

Damit steuern wir auf die Frage zu, wie sich die Wachstumsdiskussion aus makroökonomischer Perspektive darstellt. Vergleichbar den Unternehmen haben auch Staaten Erfolgsindikatoren für die ökonomischen Entwicklungen innerhalb ihrer Grenzen, und ähnlich wie Firmen unterliegen sie dem Wachstumszwang: Was den Unternehmen die „Fortune-500"-Liste, sind für Staaten die Konjunkturindizes, die internationalen Arbeitslosenstatistiken, der Vergleich der Staatsverschuldung, die Export-Performance. Institutionen wie das World Economic Forum (WEF) in Genf oder dessen Nachbar, das Institute for Management Development (IMD) in Lausanne, publizieren jährliche Übersichten über die Wettbewerbsfähigkeit, die auf mehreren hundert Indikatoren beruhen. Vor allem aber: Die makroökonomische Perspektive kombiniert zweierlei: die summierte Leistung aller Unternehmen an einem Standort einerseits und andererseits die Leistungen des Staates und der öffentlichen Verwaltung, der Ordnungs- und Wirtschaftspolitik, der infrastrukturellen Quantität und Qualität oder kurz: die Fähigkeit eines Standorts, den Unternehmen den richtigen Rahmen für ihre ökonomische Entfaltung zu geben.

Ein Manager kann heute sein Unternehmen nicht mehr mit den Rezepten und dem Werkzeug der 70er oder 80er Jahre steuern. Dasselbe gilt für die Politik, die sich wie die Unternehmen einem massiv gewandelten, sich dynamisch weiter verändernden internationalen Umfeld gegenüber sieht, in dem neue Akteure das Portfeuille an Regeln neu definieren. Die letzten zehn bis fünfzehn Jahre haben gezeigt, dass die einzelnen Staaten sehr unterschiedlich auf diese neuen Rahmenbedingungen reagiert haben. Wir wollen damit zunächst unterstreichen, dass Handlungsspielräume bestehen – wir befinden uns mitnichten in einer Situation, in der die Gestaltungsmöglichkeiten einzelner Länder reduziert oder eliminiert wären. Die (Zwischen-) Bilanz indes fällt heterogen aus: Manche Länder haben sich hervorragend angepasst, andere dagegen haben nicht in allen Punkten gleichermaßen Anschluss gefunden. Dies gilt zum einen für eine international vergleichende Bewertung unterschiedlicher Indikatoren – wir kommen auf sie gleich zu sprechen –, zum anderen betrifft es auch Wachstums- und Wohlstandserfolge.

Der Befund für Deutschland lautet kurz gefasst: Die Unternehmen stehen gut da, der Standort als Ganzes nicht. Dies ist das Kernergebnis des letzten „Global Competitiveness Report" des WEF (siehe Abbildung 34).Bei allen Indikatoren, in denen Unternehmensstrategien und Managementhandeln bewertet werden, ist die Bewertung rundweg weit vorne: Das zusammenfassende Ranking „Sophistication of Company Operations and Strategy" setzt Deutschland auf den ersten Platz weltweit, die innovatorische und technologische Leistungsfähigkeit wird mit Rang 12 bewertet. Aber in den Indikatoren, wo staatliche Akteure (mit-)entscheiden, rutscht Deutschland weit ab und kassiert überwiegend mittlere, teilweise sogar niedrige Bewertungsergebnisse: Die Evaluation des makroökonomischen Umfeldes erreicht gerade noch den 26. Platz, allerdings nur wegen der hohen Kreditwürdigkeit; bei Steuersystem und Lohnverhandlungen findet sich Deutschland international gar auf dem letzten und vorletzten Platz. Immerhin, die Rahmenbedingungen für Unternehmen (Infrastruktur, Kapitalmärkte, Wettbewerbsintensität, Handelsliberalisierung) werden mit dem fünften Platz bewertet.

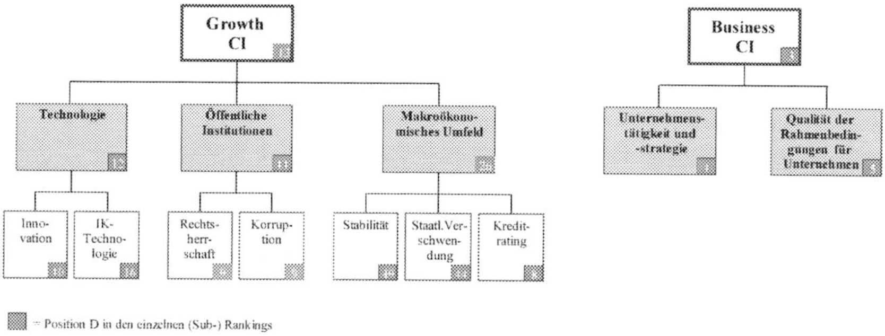

Abb. 34: Rangpositionen Deutschlands im „Global Competitiveness Report 2004-2005" nach Subindizes (Quelle: World Economic Forum)

Die Frage liegt also geradezu auf der Hand: Können Unternehmen „gegen" ihren Heimatstandort wachsen? Die Antwort ist dann: Ja, offensichtlich können sie es unter bestimmten Bedingungen. Der Beleg liegt in der überaus signifikanten

Wachstumsschere zwischen den deutschen Top-100-Unternehmen und der Gesamtwirtschaft (siehe Abbildung 35): Die größten deutschen Unternehmen wachsen hervorragend. Dabei nutzen sie in ganz starkem Maße einen „global footprint". So hat sich der Anteil der im Ausland beschäftigten Mitarbeiter ebenso wie der im Ausland erwirtschaftete Umsatz deutlich erhöht. Exemplarisch greifen wir Siemens und BASF heraus. Die beiden Unternehmen konnten den Auslandsanteil bei den Mitarbeitern in den letzten 20 Jahren mehr als verdoppeln, er beträgt nun 68% (Siemens) bzw. 63% (BASF). Der Auslandsumsatz beläuft sich bei BASF mittlerweile auf knapp 60% des Gesamtumsatzes, bei Siemens sind es sogar 77%.

Dennoch kommt der Standort als Ganzes nicht auf die Beine. Und die Frage liegt auf der Hand, wie lange die Firmen in der Lage sind, „gegen" ihren Standort zu wachsen und welche „Kosten" das für den Ursprungsstandort hat. Bei einer Arbeitslosenzahl, die um die fünf Millionen schwankt, und angesichts eines öffentlichen Haushalts, der sich von dem Ziel verabschiedet hat, ausgeglichen sein zu wollen (abgesehen davon, dass er fortwährend eine mit guten Gründen vereinbarte Verschuldungsgrenze reißt), steuern wir unweigerlich auf den Punkt zu, dass auch makroökonomisch die Kombination aus Wachstums*fähigkeit* und Wachstums*bereitschaft* zum Tragen kommen muss. Nur so lassen sich gesamtgesellschaftlich die Chancen des Einzelnen auf Partizipation als Basis seiner eigenständigen Mindestsicherung erhalten oder gar verbessern. Wir wollen auf der Grundlage der von uns bisher in diesem Buch bereits deklinierten beiden Begriffe kurz über die diesbezüglichen Möglichkeiten und Perspektiven des Standorts Deutschland reflektieren.

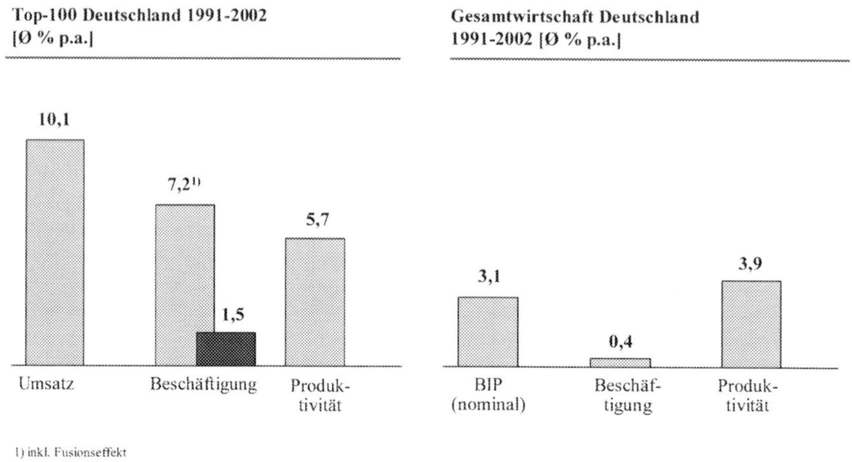

Abb. 35: Vergleich der Wachstumsraten zwischen den größten deutschen Unternehmen und der Volkswirtschaft insgesamt (Quelle: eigene Berechnungen)

Makroökonomische Wachstumsfähigkeit

Ein deutscher „common sense" besteht darin, dass man die strukturellen Voraussetzungen hierzulande für weitgehend gut erachtet: Der Ausbaustand der physischen Infrastruktur, die Forschungsleistung, die Umweltqualität, die Exportstärke (also die produktbezogene Wettbewerbsfähigkeit auf umkämpften Auslandsmärkten), die Kapitalversorgung der Unternehmen, die gute Qualifikationsbasis der Erwerbstätigen („der" Facharbeiter ist geradezu ein deutscher Mythos), die unternehmerische Tradition durch die starke ökonomische Position des Mittelstandes und so weiter.

Sicherlich, das Selbstbild hat in jüngerer Zeit manchen Kratzer bekommen, vorrangig aus zwei Gründen: Erstens setzt sich die Erkenntnis durch, dass manche Indikatoren, auf die wir stolz sind, nicht mehr rundweg so hervorragend sind, wie man meinen (oder hoffen) will. Und zweitens steckt Deutschland in einer langen Reformdebatte, in deren Verlauf wir den strukturellen Vorsprung anderer Länder sukzessive haben (an-)erkennen müssen. Wir wollen die Debatten, die dazu geführt wurden und werden, nicht in Gänze aufrollen, aber einige ausgewählte Stichworte dazu zusammenstellen.

Zuerst zu aktuellen Kratzern im Selbstbild:

- Bei der informationstechnologischen Infrastruktur und der „computer literacy" steht Deutschland nicht ganz so gut da, wie es dies im Vergleich zu den angelsächsischen oder skandinavischen Wettbewerbern tun sollte. Je 1.000 Einwohner gibt es bei uns 369 Internet-Anschlüsse, die Schweden verfügen über 603, Dänen und Finnen über 593, die Amerikaner kommen auf 556. Auch bei der Computerdichte sind wir mit 480 pro 1.000 Einwohner nur im Mittelfeld, in den USA sind es 739.

- Viel von der gerühmten Forschung spielt sich im Feld der mittleren Technologien ab, die Volumenmärkte bedienen, aber nur bedingt für hohes Wachstum in Zukunft stehen. Immerhin gibt das starke Aufholwachstum Deutschlands im Feld der Biotechnologie in mehrfacher Hinsicht Anlass zur Hoffnung: Zum einen darauf, dass wir schnell in die globale Top-Liga vordringen können, wenn wir danach streben und regulatorische Hürden mit vereinten Kräften abbauen; zum anderen darauf, dass wir in mindestens einem Zukunftsmarkt präsent sind, und drittens, dass der Transfer zwischen Unternehmenssektor und Wissenschaft hervorragend funktionieren kann, wenn er muss und soll.

- Die PISA-Ergebnisse haben belegt, dass die deutsche Bildung gemessen an dem, was andere Länder erreichen, bei weitem nicht zur Spitzengruppe zu rechnen ist. Für den globalen Wissenswettbewerb haben wir damit denkbar schlechte Voraussetzungen. Das liegt nicht nur daran, dass wir weniger Geld als andere ausgeben (4,3% des Inlandsprodukts, im OECD-Durchschnitt sind es 4,8%, in Skandinavien je nach Land 5,7-6,8%), sondern auch an falschen Methoden und überholten Strukturen. Und nicht nur die schulische Bildung, Gegenstand der PISA-Analyse, steht vergleichsweise schlecht da, auch bei der Weiterbildung im Berufsleben ist Deutschland mit 6,0% der 25 bis 64-Jährigen weit hinter dem EU-Schnitt von 9,7%. Lebenslang gelernt wird hierzulande also bei weitem nicht so intensiv, wie man es in einer wissensintensiven Wirtschaft tun sollte.

- Auch die fortdauernde Restrukturierung des Bankensektors ebenso wie die im Vergleich niedrige Börsenkapitalisierung der deutschen Gesamtwirtschaft (42,9% des Inlandsprodukts gegenüber 98,7% in den USA und 128,2% in Großbritannien) sind ebenfalls Signale, dass die Strukturen nicht so solide sind, wie man annehmen möchte. Der relative Rückstand bei modernen Finanzierungsformen gehört thematisch ebenfalls hierher, da er das Potenzial an Investivkapital vermindert.

Diese Punkte ergeben einzelne, sehr spezifische Alarmsignale. Bedenklicher ist freilich, dass die Wachstumsfähigkeit Deutschlands auch auf einer sehr allgemeinen Ebene behindert wird. Das makroökonomische und institutionelle Umfeld lässt zu wünschen übrig, es gibt Wachstumsbremsen allerorten:

- Eine nach wie vor hohe Staatsquote von 48,9% des Inlandsprodukts führt zu hohen Steuer- und Abgabenbelastungen. So tragen Unternehmen hierzulande die höchste effektive steuerliche Belastung in Europa. Die Kostenbelastung des Faktors Arbeit rangiert nicht nur auf Grund des Lohnniveaus an sich im internationalen Vergleich ganz oben, sondern auch durch sehr hohe Sozialversicherungsbeiträge. Entgegen allen politischen Ankündigungen ist nicht absehbar, wie diese Belastung im bestehenden Kontext der Sozialversicherungssysteme reduziert werden soll – die ungünstiger werdende Altersstruktur und die hohe Arbeitslosigkeit lassen keine Verbesserung erwarten, wenn nicht über einen grundlegend neuen Weg nachgedacht wird.

- Staatliche Regulierungen erschweren vielfach die wirtschaftliche Tätigkeit – bis ein Unternehmen gegründet ist, vergehen hierzulande 45 Tage, die Kosten dafür betrugen 2004 nach einer Berechnung der Weltbank 1.569 US-Dollar. Allein für die Bewältigung der Bürokratie gab ein Kleinunternehmen mit weniger als zehn Beschäftigten im Jahr 2003 4.361 EUR je Beschäftigtem aus, der entsprechende Zeitaufwand betrug immerhin 64 Stunden pro Jahr und Beschäftigtem. Insgesamt bezahlen deutsche Unternehmen nach Angaben des Instituts für Mittelstandsforschung in Bonn rund 46 Milliarden EUR für die Erledigung der Bürokratie – ein staatlicher Eingriff, der die Wachstumsfähigkeit der Unternehmen und damit auch der deutschen Wirtschaft empfindlich bremst.
- Trotz umfassender Kritik und detaillierten Verbesserungsvorschlägen durch Gremien auf nationaler (Sachverständigenrat, Wirtschaftsforschungsinstitute) wie internationaler Ebene (OECD) ist der deutsche Arbeitsmarkt immer noch hoch reguliert. Im relevanten Subindex des „Economic Freedom Ranking" landet Deutschland deshalb auf dem letzten Platz unter 58 Ländern (siehe Abbildung 36). Die eingeleiteten Reformen werden daran nichts Grundlegendes ändern, zumal andere Länder nicht auf dem bei ihnen Erreichten verharren, sondern weiter an Verbesserungen arbeiten.

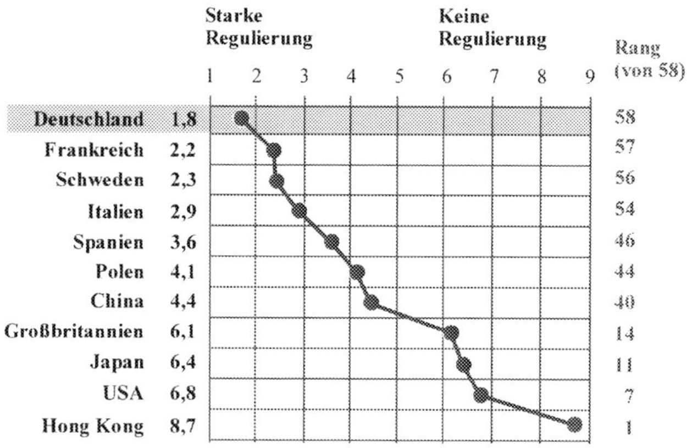

Abb. 36: Teilindex „Arbeitsmarkt" im Economic Freedom Index (Quelle: Fraser Institute)

Mit der deutschen Fähigkeit zum Wachstum steht es also nicht zum Besten, und das Ergebnis sehen wir sehr unmittelbar an der seit Jahren niedrigsten Wachstumsrate Westeuropas. Dass sich hier etwas ändern muss, liegt auf der Hand. Unserer Auffassung nach brauchen wir neben den Reformpunkten, die bereits diskutiert werden, dabei insbesondere Eines: Wir müssen die Frage der Nachhaltigkeit mehr als bisher ins Zentrum der Debatte stellen.

Wachstumsfähigkeit entspringt nicht kurzfristigen Maßnahmen, sondern resultiert aus einem umfassenden Programm mit einem entsprechend langfristigen Zielhorizont. Schon dieser Aspekt fehlt in der aktuellen gesellschaftlichen und politischen Debatte, die auf schnelle Erfolge hofft, etwa bei der Reduzierung der Arbeitslosigkeit. Grundlegend verbessern werden wir unsere relevanten Indikatoren aber nur dann, wenn wir ein breites Programm aufsetzen.

Ein solches Programm muss beispielsweise eine Erneuerung der Bildungsstrukturen anstreben, denn hier wird die intellektuelle Leistungsfähigkeit von morgen geprägt und ausgebildet. Es muss vorsehen, die Aufwendungen für Forschung und Entwicklung zu erhöhen, damit wir auch in zehn bis zwanzig Jahren eine Basis haben, von der aus wir in Zukunftstechnologien mitmischen können. Das könnte auch helfen, den dramatischen Verlust begabter Nachwuchskräfte („brain drain") zu reduzieren: Hochqualifizierte Deutsche ziehen heute den Status des intellektuellen Gastarbeiters vor, weil Universitäten und Unternehmen im Ausland ihnen bessere Arbeitsbedingungen und Entwicklungsperspektiven bieten. Die letzten vier deutschen Nobelpreisträger arbeiten ebenso in den USA wie 30.000 weitere Wissenschaftler mit deutschem Pass.

Nachhaltigkeit impliziert aber auch, Ausgaben so umzulenken, dass nicht hauptsächlich Vergangenheit oder Erhaltungssubventionen und Gegenwart (in Form von wohlfahrtsstaatlichem Konsum) finanziert werden. Mehr Geld für die Zukunft (also eine investive Verwendung) schafft die Strukturen, aus denen wir morgen unsere Wachstumsfähigkeit beziehen können – im Verbund mit flexibleren gesetzlichen Vorgaben wäre dies der entscheidende Schritt nach vorne.

Makroökonomische Wachstumsbereitschaft

Wie in den Unternehmen, brauchen wir aber neben den strukturellen Fähigkeiten auch eine gesellschaftliche Bereitschaft, sich auf Wachstumsprozesse einzulassen, jenes Mehr an Anstrengungen aufzubringen, das eben den Unterschied macht zwischen einer mittelmäßigen und einer hervorragenden Wachstumsperformance.

Ohne Risikobereitschaft, Mut zur Veränderung, Glaube an sich selbst, ohne Optimismus und Vertrauen wird es kein Wachstum geben. Der Zusammenhang zwischen Wirtschaftswachstum und Vertrauen ist empirisch untermauert. So kommen neuere ökonomische Studien zu dem Ergebnis, dass interpersonelles Vertrauen einen beachtlichen Einfluss auf wirtschaftliches Wachstum hat. Weil mit zunehmendem Vertrauen auch in sozialer Betrachtung die Transaktionskosten sinken, steigt die Investitionsbereitschaft. Andersherum führt ein Mangel an Vertrauen zu einem Rückgang der Investitionsbereitschaft, weil Risiko und Unsicherheit zunehmen – am Ende steht eine durch Misstrauen ausgelöste Wachstumsfalle. Auch in wachsenden Volkswirtschaften dient Vertrauen als kräftiges Stimulans: Wenn der Anteil derjenigen Menschen, die andere in ihrem Land für vertrauenswürdig halten, um 15 Prozentpunkte zunimmt, steigt das Bruttoinlandsprodukt pro Kopf dauerhaft um 1%. Hinzu kommt, dass Wachstum auch in diesem Feld ein sich selbst verstärkender Prozess ist: Steigendes Einkommen seinerseits führt zu einer Zunahme von Vertrauen.

Zum Teil fehlt es aber in Deutschland am dafür notwendigen „mindset“ von Vertrauen und Optimismus. Dieser Mangel beginnt gewissermaßen ganz oben: Während beispielsweise US-amerikanische Topmanager bei einer SWOT-Analyse mit den Stärken und Chancen beginnen und erst dann einen Blick auf die Risiken werfen, wird die SWOT-Analyse in Deutschland andersherum angewandt: Zunächst beschäftigt man sich intensiv mit den eigenen Schwächen und Risiken, und wenn dann noch Mut besteht, wird ein Blick auf die eigenen Stärken geworfen. Dies zeigt plakativ, was Deutschlands Problem ist.

Der fehlende Optimismus schlägt sich, wie oben bereits angedeutet, in Entscheidungen über Investitionen nieder. Nur jeder dritte deutsche Manager wollte 2005 seine Investitionen erhöhen, gerade einmal 22% rechneten mit einer Erhöhung der Mitarbeiterzahl. Auch hier erzielte Deutschland im europäischen Vergleich die niedrigsten Werte – Wachstumsschwäche als Ergebnis von fehlendem Vertrauen und schwacher Zuversicht.

Misstrauen herrscht aber auch bottom up: Einer Umfrage zufolge, die Riquesta im Jahr 2002 für das World Economic Forum durchgeführt hat, ist das Vertrauen in Manager nur halb so groß wie das in EU-Regierungsmitglieder. Und nicht nur das Niveau an Vertrauen ist schwächer, es ist auch noch bei knapp zwei Dritteln der Befragten zurückgegangen (siehe Abbildung 37).

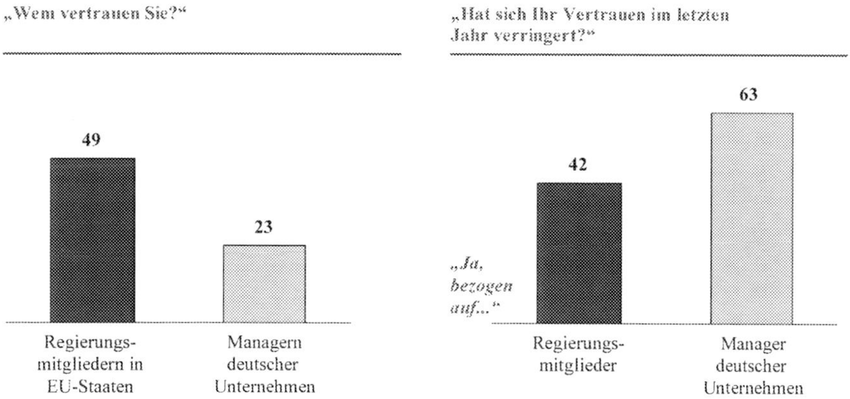

Abb. 37: Umfrageergebnisse zum Vertrauen in Deutschland, Herbst 2002 (Quelle: WEF, Riquesta)

Auch bei wachstumsrelevanten Werten und Denkhaltungen lassen Umfragen eine erkennbare Zurückhaltung unter den Deutschen erkennen: Eigenverantwortung und Unternehmertum werden von der Mehrheit nicht für besonders erstrebenswert gehalten. So können sich nur 39% der Deutschen eine selbstständige Tätigkeit vorstellen, aber 61% der US-Amerikaner. Als wichtigster Grund für die Ablehnung wird in Deutschland angegeben, dass abhängige Beschäftigung „nicht so riskant" sei wie die Selbstständigkeit – in keinem anderen Land ist die Angst vor dem unternehmerischen Risiko so hoch wie in Deutschland.

Aus Erhebungen ableiten lässt sich auch die verbreitete Skepsis gegenüber Veränderungen. Das Institute of Management Development hat im Jahr 2004 herausgefunden, dass Deutschland bei der Frage, ob die Werte der Gesellschaft Wettbewerb unterstützen oder behindern, auf Rang 49 von 60 Ländern liegt, weit hinter gut ausgebauten Wohlfahrtsstaaten wie Schweden oder Finnland. Auch bei der Frage danach, ob die Notwendigkeit von wirtschaftlichen und sozialen Reformen in der Bevölkerung verstanden wird, landet Deutschland abgeschlagen auf Rang 43. Bezüglich der Anpassungsfähigkeit der Bevölkerung an neue Situationen nimmt Deutschland den dritten Platz ein – aber von hinten. Auch bei den Rezessionserwartungen liegt Deutschland laut dem „Global Competitiveness Report 2005" des WEF auf einem der hinteren Plätze. Die anhaltende Kaufzurückhaltung der Konsumenten ist ein Ausdruck dieser pessimistischen Haltung.

An der Wachstumsbereitschaft mangelt es also an vielen Stellen noch. Die Bereiche, in denen sich etwas ändern muss, hat Horst Siebert, langjähriges Mitglied des Sachverständigenrates zur Begutachtung der wirtschaftlichen Entwicklung, so zusammengefasst: „Wachstum kann man nicht ohne Unternehmer haben. Schon gar nicht gegen sie. Ob wir genug dynamische Unternehmer bekommen, hängt entscheidend vom gesellschaftlichen Umfeld und vielen weichen Faktoren ab, der Risikobereitschaft der Gesellschaft, der Einstellung zur Technologie, der Aufgeschlossenheit für Neues, der Akzeptanz von Gewinnen, der gesellschaftlichen Wertschätzung der unternehmerischen Tätigkeit, der Bereitschaft zum Wettbewerb und dem Vertrauen in die Märkte."

Da ist sie wieder: die richtige Einstellung als Vorbedingung für Wachstum. Zwar gab es in den letzten Jahren einige Bewegung innerhalb unserer Grenzen – auf der politischen Ebene vor und neben der „Agenda 2010" gut zwanzig wirtschaftlich relevante Reformvorhaben. Diese haben zumindest teilweise dazu geführt, dass neue Paradigmen aufgebaut werden (Kapitaldeckung statt Umlage in der Rentenversicherung, Eigenfinanzierung der Arbeitnehmer statt paritätischer Finanzierung, Leistungspflichten beim Bezug von Transfers), auch wenn ein Teil der Gesetzesvorhaben re-regulierend wirkte. Der Durchbruch zu einer umfassenden gesellschaftlichen Wachstumsbereitschaft freilich fehlt noch, weil manche Einstellung hinterher hinkt.

Daran ist zu arbeiten, wenn die „Reformbewegung" (also die Restrukturierungsprogramme), die die deutschen Unternehmen mindestens seit den späten 80er Jahren und der damaligen „japanischen Gefahr" erfasst hat, auch auf einer übergreifenden Ebene zum Tragen käme. Der sachliche Zwang ist auf der mikroökonomischen wie auch auf der makroökonomischen Ebene gegeben, der Veränderungsdruck ist erheblich. Wenn die Unternehmen in der Lage sind, sich zu verändern, dann muss es auch der Standort als Ganzes sein – denn hier wie dort arbeiten dieselben Menschen.

Epilog

Wir sind uns darin einig, dass Wachstum kein Selbstzweck ist. Die entscheidende Frage lautet also: Für wen wächst ein Unternehmen? Es wächst, um Kunden zu versorgen, um sich gegen Wettbewerber zu behaupten, um seinen Investoren eine Rendite zu bringen, um Arbeitsplätze zu schaffen. Es wächst aber auch, um als Unternehmen zu bestehen. Die innerhalb der Unternehmensgrenzen organisierten prozessualen und intellektuellen Fähigkeiten sind es, die ein Unternehmen wachstumsstark machen: Sein Teamgeist, seine Innovationskraft, seine Netzwerke, oft auch seine Marke. Nicht zu wachsen bedeutet, all dies aufs Spiel zu setzen, denn Stagnation führt unmittelbar zur Reduktion der Spielräume, in all diese Aspekte zu investieren. Unternehmen, die nicht wachsen, verlieren ihre besten Leute, die sich anderswohin orientieren. Erfolgreiche Teams kann man nicht einfach kaufen und einpflanzen, man muss sie mit langem Atem aufbauen und pflegen. Jedes Puzzleteil, das fehlt, stört die Balance. Ohne Wachstum erodiert die Basis für späteres Wachstum.

Bei Wachstum geht es im Kern immer um Entwicklung. Oder anders formuliert: Wachstum wird quantitativ gemessen, impliziert aber eine qualitative Größe. Einfach nur den Winkel der Umsatzkurve im Budget zu erhöhen, reicht nicht aus, Vorbedingung für nachhaltiges Gelingen ist die Veränderung der Organisation. Was passiert, wenn einfach nur gewachsen wird, können wir aus dem Verlauf der E-Ökonomie gewissermaßen wirtschaftshistorisch analysieren: Mit dem Platzen der „Internet-Blase" wurde offenkundig, dass zwei wichtige Punkte fehlten, nämlich zum einen die Gewinne (in manchen Fällen gar auch die Umsätze), zum anderen aber auch die organisatorische Skalierbarkeit. Den Unternehmen mangelte es an geeignetem Personal, um ihre nur vage vorhandenen Ideen in Lösungen umzusetzen, und die rudimentären Organisationsstrukturen boten keine stabile Basis für Wachstum. Wir haben es hier mit „diseconomies of speed" zu tun: Wenn die Qualität für eine – zumal schnelle – Expansion fehlt, läuft das Wachstumsrad nicht lange.

Diese Einsicht führt uns zu dem Punkt, dass Wachstum einen eigenen Geschäftsprozess darstellt, der ex ante strategisch und in der Durchführung prozessual gemanagt werden muss, weil er die Determinante für alle übrigen Prozesse in einem Unternehmen ist. Firmen, die das verstanden haben, behandeln Wachstum als eine eigenständige Kernkompetenz: Sie definieren ihre konkreten Fallerfahrungen (z.B. Erfahrungen aus regionaler Expansion, aus Akquisitionen und deren Integration, aus Produkteinführungskampagnen usw.) als strategisches Wachstums-Know-how und bauen es gezielt aus. Und sie bilden gezielt Verantwortungsbereiche im Topmanagement für Wachstumsvorhaben, die das relevante Wissen – ökonomisch, organisationsbezogen, juristisch usw. – intern einsetzen.

So gemanagt, kommt der Wachstumsalgorithmus als ein sich selbst nährender und verstärkender Prozess ins Laufen, denn Unternehmen mit der strategischen Kernkompetenz „Wachstum" haben erkannt, dass es nur nach vorne geht, wenn man laufend aufräumt. Solche Restrukturierungsaktivitäten sind die Bedingung, um fit für eine Expansion zu sein; sie müssen Hand in Hand gehen mit der laufenden organisatorischen Weiterentwicklung, namentlich dem Bestreben, effiziente Managementprozesse zuzulassen, mit denen wachsende Komplexität bewältigt wird. Dies ist umso notwendiger, als viele Outperformer mit guten Gründen ein spezielles Organisationsmodell präferieren: Die sinnvoll dezentralisierte Organisation, also eine Struktur, in der marktrelevante Prozesse einen hohen Grad an Eigenständigkeit und in der Konsequenz auch Eigenverantwortung haben, in der aber zugleich alle Prozesse mit Skaleneffekten zentral vorgehalten (oder aber extern zugekauft) werden, um Volumengewinne abschöpfen zu können. Eine dezentrale Unternehmensorganisation vermag die gesunkenen Transaktionskosten effizient zu nutzen und Größennachteile zu vermeiden.

Vertrauen halten wir für den einzig möglichen Integrator in einer solchen Unternehmensstruktur. Vertrauen wird dann gegeben, wenn man Ökonomie mit einer moralischen Komponente betreibt, und das auf allen Ebenen: im Umgang innerhalb des Unternehmens, in der Transparenz gegenüber Wertschöpfungspartnern, Investoren und Kunden, in der Bereitschaft zu lernen und sich weiter zu entwickeln. Vertrauen basiert auf einer Selbstverpflichtung, und hierin liegt die größte Herausforderung. Die letzten Jahre aber haben gezeigt, dass es ohne (mehr) Moral in der Wirtschaft nicht weiter geht. Insofern ist es unausweichlich, ein neues Ethik-, Kommunikations- und Umgangskonzept zu implementieren, um wachsen zu können.

Mikroökonomisch gibt es prinzipiell keine äußere Grenze oder Limitation von Wachstum. Der bei Stagnation gerne geübte Hinweis auf das konjunkturelle Umfeld ist Rhetorik, die eine unzureichende strategische und operative *excellence* des Managements kaschieren soll. Sie wird aber durchschaut, weil es in allen Branchen und allen Märkten Beispiele für hervorragend wachsende Unternehmen gibt, auch gegen den Trend.

Wohl aber gibt es innere Hemmnisse. Das essenziellste unter ihnen ist, dass Unternehmen zwar von ihren Strukturen und Prozessen her durchaus wachsen könnten, dass ihnen aber die Bereitschaft fehlt. Die Motivation macht den entscheidenden Unterschied aus, denn sie ist es, die eine Organisation die Anstrengung des Wachsens auf sich nehmen lässt. Damit hängt der Wachstumserfolg in wesentlichen Teilen an einem als „weich" bezeichneten kulturellen Faktor. Hier ist es wie mit der eben schon besprochenen Moral: Es lässt sich zunehmend beobachten, dass die Einwirkung außerökonomischer Faktoren auf geschäftsrelevante Indikatoren und Entscheidungen signifikant zunimmt. Es gilt also, sie ins Geschäftsmodell zu integrieren. Das wiederum gelingt am besten in der Vertrauensorganisation, weil sie alle notwendigen Ebenen integrativ verbindet. Anders als bei sporadischen Maßnahmen, die kurzfristig auf einzelne Anforderungen reagieren, weil die Situation sie gerade erfordert, fügen sich hier alle Bausteine zu einem Gesamtbild, erreichen also im Effekt eine Ganzheitlichkeit. Das bringt nicht zuletzt zwei Vorteile: Erstens, dass sich die physischen und kulturellen Investitionen der Organisation langfristig lohnen und nicht nach einmaligem Einsatz verpuffen, und zweitens, dass die Organisation eine gewisse Immunität gegen heterogene Anforderungen ausprägt, indem sie auf die Existenz eines Gesamtkonzepts und dessen Logik hinweisen kann. Beides stellt ein Unternehmen im aktuellen globalen Wirtschaftskontext hervorragend auf.

Von allen unternehmerischen Herausforderungen ist Wachstum die mit der höchsten Belohnung. Wachstum ist der einzige Weg, Reputation und Rendite zu erzielen. Lassen wir uns auf dieses spannende Spiel ein!

9 783540 267553